TierZeit

TierZeit

monte von DUMONT

Die Deutsche Bibliothek - CIP-Einheitsaufnahme

Mülfarth, Helmut:
Tierzeit : (das Buch zur Sendung bei VOX) / Helmut Mülfarth. - Orig.-Ausg. - Köln : DuMont 1999

(Monte von DuMont)
ISBN 3-7701-8534-X

Dieses Buch erscheint zu den »Tierzeit«-Sendungen, die samstags ab 17.35 Uhr und sonntags ab 15.50 Uhr bei VOX ausgestrahlt werden.

Originalausgabe

Layout: Angela Buntenbroich, DuMont Buchverlag
Satz: DuMont Buchverlag
Druck und buchbinderische Verarbeitung: Neue Stalling, Oldenburg

Printed in Germany ISBN 3-7701-8534-X

INHALT

Die Suche nach den Tieren hat nichts mit einer Spazierfahrt zu tun. Straßen gibt es selten. Mit viel Glück können wir mit dem Boot eine große Strecke durch den Urwald zurücklegen: bei extremen Temperaturen, einer Luftfeuchtigkeit von fast 100 Prozent und durch Schwärme von Moskitos …

Wie aus Tierzeit »Tierzeit« wurde … Wir können es meistens einfach nicht lassen. Immer müssen wir etwas verändern. Fast zwanghaft. Auch mit der Natur ist das nicht anders. Sie ist um uns herum, und sie muß verändert werden. Warum eigentlich? Wir sind nicht entfernt von der Natur, wir sind als Menschen ein Bestandteil von ihr.

Das waren die ersten Gedanken, die mir durch den Kopf gingen, als ich am Konzept der Reihe feilte. Aus dem Gedanken, daß wir als Menschen Bestandteil der Natur sind, auch wenn das manchmal nicht so aussieht, entwickelte sich die »Tierzeit-Philosophie«.

Es ist auch der Versuch, nicht noch eine Tierdokumentation zu machen, von denen es bereits so viele gibt, seit Prof. Grzimek. Mensch und Tier sollten gemeinsam vor der Kamera gezeigt werden, und zwar genauso, wie sonst immer nur und meistens ausschließlich die Tiere beobachtet worden sind. Der Zuschauer sollte immer das Gefühl haben, direkt dabei zu sein, die Forscher bei der Arbeit beobachten zu können. Es durfte aber keine Reportage über einen Menschen werden, sondern es sollte immer noch eine Tierdokumentation sein. Geht nicht? Wir versuchen es jede Woche.

Überall in der Welt wurden wir fündig und wunderten uns vor allem darüber, wieviele Menschen es doch gibt, die sich engagiert um die Natur kümmern. Es sind meisten nicht die großen Forscher, die irgendwann einmal Preise für ihre Arbeit bekommen. Meistens sind es Menschen, die einfach im Stillen arbeiten – aus Liebe zur Natur. Es entstanden und entstehen immer noch faszinierende Bilder aus den scheinbar toten Wüsten, aus dem unglaublich artenreichen Leben in den oberen Baumregionen der

Dschungel und aus den dunklen Tiefen der Ozeane, die für uns immer noch geheimnisvoll sind. Und auch wir lernen jeden Tag etwas Neues aus der Natur. Die Faszination hat in all den Jahren, seit es nun bereits »Tierzeit« gibt, nie nachgelassen. Im Gegenteil: Sie ist immer größer geworden.

Klar, bei unserer Arbeit für »Tierzeit« wollten wir uns natürlich nicht ausklammern, was den Umgang mit und das Nachdenken über die Natur angeht. Alle »Tierzeit«-Autoren und -Kameramänner versuchen stets, sich behutsam und fast unsichtbar in der Natur zu bewegen. Die Tiere werden immer respektiert. Und wir verzichten ganz bewußt auf brutale Szenen, auf Todeskämpfe und Freßorgien. Es ist natürlich klar, wenn der Lebenszyklus eines Raubtieres gezeigt werden soll, wie beispielsweise eines Löwen, daß dazu auch die Nahrungsbeschaffung gehört. Aber es macht einen Unterschied, ob ich nur kurz das Schlagen eines Zebras zeige oder ob ich, wie es leider immer wieder in Tierdokumentationen vorkommt, den minutenlangen Todeskampf des Zebras möglichst in Großaufnahme präsentiere. Das hat wenig mit der Geschichte zu tun, die ich über eine Tierart erzählen will.

Unsere Kameramänner sollen auch über ihr Handeln vor Ort nachdenken. Wenn ich beispielsweise vor der südafrikanischen Küste in einen Haikäfig steige, dann bekomme ich sicher gute Aufnahmen. Der Kameramann steht bißsicher in einem Stahlkäfig, der unter die Wasseroberfläche gesenkt wird. Aus dem Begleitboot heraus wird anschließend literweise Robben- oder Rinderblut ausgekippt. Die Haie kommen. Sie riechen das Blut, sehen den Menschen. Der Kameramann kann »die Bestie« aus nächster Nähe filmen. Der Zuschauer bekommt eine Gänsehaut. Einschaltquoten garantiert.

Was dabei aber noch geschieht, ist etwas ganz anderes. Für den Hai wird dadurch der Mensch in sein Beuteschema eingebaut, obwohl er eigentlich nicht zu den Beutetieren gehört. Später kann es dann zu Angriffen auf Schwimmer vor der Küste kommen.

Handeln, nur um sensationelle Bilder zu bekommen, ohne auf die Auswirkungen vor Ort in der Natur nachzudenken, lehnten wir von Anfang an ab. Glücklicherweise ist die Zahl der Zuschauer bei »Tierzeit« trotzdem immer weiter gestiegen. Und darüber freuen wir uns ganz besonders. Vielleicht auch, weil die Bilder aus der Natur, die aus ungewöhnlichen Perspektiven gemacht wurden, oft genug schon sensationell sind. Also – bis zum nächsten Mal bei »Tierzeit«.

Ihr Helmut Mülfarth

Der Moderator im Schwebezustand und stumm wie ein Fisch. Sprachlos vor der Schönheit der Unterwasserwelt.

DIE BÄRCHENKLINIK

Im australischen Port Macquarie sind die Schwestern des Krankenhauses rund um die Uhr beschäftigt. Das ist eigentlich nichts Besonderes. Aber die Patienten sind anders: Sie haben Knopfaugen und einen Pelz. Seit 25 Jahren haben die Koalas ihr eigenes Krankenhaus in Port Macquarie, in dem mit viel Liebe beispielsweise die abenteuerlustige Waise Evan aufgepäppelt wird. Sind die Tiere gesund, dürfen sie natürlich wieder zurück in die Freiheit ihrer Wälder.

Koala-Land – die berühmtesten Botschafter Australiens leben versteckt hoch oben in den Wipfeln der Eukalyptusbäume ihres Landes. Die kleinen Beuteltiere lieben die Einsamkeit der Wälder. Sie sind ihr Königreich, und das bewohnen sie schon seit mindestens 40 000 Jahren.

Aber das Koala-Land wird täglich kleiner. Es wird geschluckt von immer neuen Siedlungen und Straßen. Die Koalas suchen nach ihren alten Bäumen, ihrem Zuhause, und können es oft nicht mehr finden.

Die Klinik in Port Macquarie ist ausschließlich für die kleinen Patienten mit Knopfaugen und Plüschohren da. Und wie jeden Tag, so gibt es auch diesmal eine Morgenvisite von Dr. Frank Arnell und Koala-Schwester Liz O'Connor. Beim Rundgang durch das Krankenhausgelände sieht Schwester Liz nach einem etwas betagten Patienten: »Wie geht es dir heute, alter Freund?«

Der Koala krallt sich an seinen Baumstamm und sieht Liz direkt in die Augen. Der 13 Jahre alte Mr. Roundabout wurde vor zwei Wochen entkräftet an einem Kreisverkehr, einem sogenannten Roundabout, gefunden. Der Koala-Senior bekommt nun täglich Extra-Vitamine. Und offensichtlich genießt er den kleinen Kuraufenthalt.

Die Koala-Dame Pebbles ist mit ihrem Jungen ein Dauergast der Klinik. Auch sie hatte einen Autounfall, aber dank der guten Pflege von Schwester Liz erholt sich Pebbles ziemlich schnell.

Cloud ist eine charmante Lady vom Nachbarbaum. Sie erlitt bei einem Buschfeuer schwere Verbrennungen an den Pfoten. Auf ganz hohe Bäume kann sie noch nicht klettern, aber der Koala ist schon auf dem aufsteigenden Ast.

Liz' ältester Patient ist Fenegh. Der gutmütige alte Herr ist erblindet. Für ihn ist das Hospital ein komfortables Altersheim. Keine schwierige Futtersuche mehr, immer ein gemütlicher Baum in der Nähe, da kann man schon seinen Lebensabend verbringen. Und da ist noch die kleine Waise Evan in der Kinderstation. Spaziergänger fanden sie verlassen auf und riefen direkt die Klinik an. Evan ist immer zu Streichen aufgelegt und putzmunter. Er will nicht nur gefüttert, sondern auch genügend beachtet werden. In freier Natur würde er jetzt unter den Blicken seiner Mutter die Nachbarbäume erkunden. Für die Aufsicht ist nun Ersatzmutter Liz verantwortlich.

Oft kommen Besucher in die Klinik, um sich die australischen Patienten anzusehen. Besuchszeit ist den ganzen Tag, und Evan kostet es gründlich aus, der ungekrönte Star der Koala-Klinik zu sein. Er sitzt dann ge-

Der kleine Evan riecht wie ein Eukalyptus-Hustenbonbon. Er ist eine Waise, die von ihrer großen Ersatzmutter Liz ein Spezialgemisch aus Joghurt und Vitaminen bekommt, das die Klinik selbst entwickelt hat.

Koalas leben in festen Grenzen. Jedes Männchen hat sein eigenes Territorium, das umgeben ist von den kleineren Gebieten der Weibchen und Jungen. Nur während der Paarungszeit haben sie Kontakt miteinander.

duldig auf einem Stofftier, das Liz im Arm hat, und läßt die Fragen der Besucher über sich ergehen. Zuerst wollen die immer wissen, wie alt Evan ist.

»Er ist ungefähr zehn Monate alt und wäre immer noch auf dem Rücken seiner Mutter. Deshalb fühlt er sich auf dem Stofftier so wohl.«

Die zweite Frage ist dann auch ziemlich klar. Es geht darum, ob Evan, wenn er denn groß genug ist, wieder in die Wälder darf.

»Ja, er wird wieder in die Wildnis zurückgehen, obwohl er an mich gewöhnt ist. Aber sonst darf ihn niemand anderes anfassen.«

Evan und die anderen Koalas dürfen sich nicht zu sehr an Menschen gewöhnen. Das oberste Ziel der Klinik ist es, alle ihre Patienten so bald wie möglich wieder in ihre Wälder zurückzubringen. Und bis dahin braucht der Kleine noch sehr viele Mahlzeiten – per Hand. Liz füttert Evan mit Eukalyptusblättern und einer besonderen Koala-Mixtur. Ein Spezialgemisch aus Joghurt und Vitaminen, das die Klinik entwickelt hat. Das Rezept scheint zu stimmen.

Koalas sind oft auf dem Präsentierteller, und keiner fragt die kleinen Bärchen, ob es ihnen gefällt. In den australischen Wildlife Parks garantieren sie Besucherzahlen, denn jeder möchte das nationale Kuscheltier wenigstens einmal ganz aus der Nähe sehen. Die unter Naturschutz gestellten Koalas lassen die Kassen klingeln. Die heißbegehrten Tiere nehmen Besucher und Blitzlichter recht gelassen hin.

Doch die Tiere sind in der Wildnis stark bedroht, und man befürchtet, daß es sie bald nur noch als Stofftiere in Verkaufsregalen gibt. In Australien engagieren sich Menschen in der Australien Koala Foundation, um auf das Problem aufmerksam zu machen. Ihre Fernsehspots schrecken viele

Tierfreunde auf. Es ist zu sehen, wie ein lebendiger Koala zwischen Hunderten von Stoffkoalas herumstolpert. Das Tier scheint offenbar völlig verwirrt. Dazu kommentiert der Sprecher: »Ob Sie es glauben oder nicht – Koalas stecken in ernsten Schwierigkeiten. Nur Sie können helfen – die Zeit läuft ab. Kaufen Sie einen Anstecker für nur einen Dollar bei Ihrer Drogerie. Wenn wir jetzt nicht helfen, wird es sehr bald nur noch ausgestopfte Koalas in Australien geben.«

Dieser Fernsehspot ist ein weiterer Versuch, die Tiere zu retten. Die Zukunft wird zeigen, ob die Aktion Erfolg gehabt hat.

An der Ostküste des Kontinents liegen die letzten tiefen Eukalyptuswälder, unzerstörtes Koala-Land, Heimat aber auch für zahlreiche andere Wildtiere wie Schlangen, Wildhunde und ... natürlich, wie könnte es in Australien anders sein, für Känguruhs. Nymphensittiche fühlen sich aber ebenso wohl wie die zahlreichen Beuteltierarten.

In dieser Region forscht das Wissenschaftler-Team der Koala-Foundation unter der Leitung von Stephen Phillips. Es ist noch viel zuwenig über die Regeln im Koala-Reich bekannt. Nach Sonnenaufgang sind die Kletterkünstler am ehesten zu finden. Um sie hoch oben in den 30 bis 40 Meter hohen Bäumen zu sichten, muß man schon ziemlich genau hingucken.

Koalas leben in festen Grenzen. Jedes Männchen hat sein eigenes Territorium, das umgeben ist von den kleineren Gebieten der Weibchen und Jungen. Nur während der Paarungszeit haben sie Kontakt miteinander. Sonst bleibt jeder ein Leben lang in seinem kleinen Reich.

An diesem Tag, als das Team der Foundation unterwegs ist, geht es um mehr als nur das Finden und Zählen der Koala-Familien. Das Team muß noch unbekannte Koalas aufspüren. Manchmal sind die Wissenschaftler wochenlang unterwegs, um jedes einzelne Tier genau zu untersuchen.

Das Team hat wieder einen neuen kleinen Koala entdeckt. Das Tier scheint zu schlafen. Eine gute Gelegenheit, es für einen Gesundheitscheck einzufangen. Während das Weibchen noch in aller Ruhe vor sich hin schlummert, wird ein medizinisches Feldlager aufgebaut. Tierärzte und Biologen machen sich fertig für ihren Einsatz. Wilde Koalas vertragen keinen Streß. Jede unnötige Aufregung kann ihnen schaden.

Die Ausrüstung steht bereit. Es kann losgehen. Die Koala-Dame ist aufgewacht. Jetzt geht es um Minuten. Stephen versucht, sich mit einer Stange, an der ein Stoffsack angebracht ist, möglichst nah an das Weibchen heranzupirschen. Wenn sie Verdacht schöpft, kann das Koala-Weibchen schnell mit einem Sprung zum Nachbargipfel entkommen. Ihr Baum ist nicht sehr hoch und die obere Hälfte zu dünn zum Erklettern. Hier hilft die altbewährte Stangen-Methode. Der Koala wittert die Gefahr. Für das knuffelige Urzeittier eine ungewohnte Erfahrung, denn früher waren seine Wälder sicher. Die Baumkronen schützten es vor Wildhunden und Raubvögeln, seinen einzigen Feinden. Mit dem Sack an der Stange wedelt Stephen oberhalb des Koalas. Sobald das Weibchen die heftigen Bewegungen über seinem Kopf spürt, setzt es zur Flucht an. Der Abstieg scheint ihm der einzige Ausweg. Doch ehe es sich versieht, ist es nach dem Absprung in die Falle geraten. Eingefangen in einen schweren Leinensack, damit es mit seinen scharfen Krallen und Vorderzähnen niemanden verletzen kann.

Untersuchungen an freilebenden Koalas sind heute leider notwendig. Nicht um die Neugierde der Wissenschaftler zu befriedigen, sondern zum Schutz der gesamten Koala-Population. Für diese hochspezialisierten Vegetarier werden Hilfsprogramme entwickelt, damit die knuffigen Bärchen das nächste Jahrtausend überstehen. Schonende Untersuchungen müssen deshalb sein.

Koala-Baby mit Mutter. Bei ihr ist die Aussicht immer noch am besten.

Koalas sind Beuteltiere wie Känguruhs. Bis zu sechs Monate bleiben die kleinen Koala-Babys im sicheren und warmen Beutel der Mutter.

gegenüber: Was braucht man einen bequemen Sessel, wenn man hoch oben in den Baumwipfeln eine komfortable Astgabel mit Aussicht hat?!

Bevor das Koala-Weibchen eine Chance zum Zubeißen bekommt, wird ihm die Betäubungsmaske übergestülpt. Dem Team bleiben jetzt nur 15 Minuten. So lange hält die Narkose an. Im Reich der Träume ist es geschützt. Wenn es wach wäre, könnte die Untersuchung es so aufregen, daß es Wochen später richtig krank würde. Koalas sind sehr empfindlich. Bei Streß entwickeln sie oft die gefährliche Koala-Krankheit Clamydia. Durch diese Pilzkrankheit können Koalas blind und unfruchtbar werden.

Koalas sind Beuteltiere wie Känguruhs. Dieses Weibchen trägt im Augenblick kein Junges. Bis zu sechs Monate bleiben die Kleinen sonst im sicheren Beutel. Ab heute ist es in der Koala-Kartei erfaßt. Seine Geschichte wird von nun an helfen, die Probleme seiner Artgenossen besser zu verstehen. Stephen bringt es vorsichtig zu seinem alten Baum zurück. Das Weibchen muß wieder in sein altes Gebiet, damit es nicht verloren umherirrt. Noch ganz benommen von der Vollnarkose, klettert es nur zögernd aus dem dunklen Beutel heraus. Es ist wieder in Freiheit und will nur hoch in den Schutz der Baumkrone. Erst wenn Stephen sicher ist, daß es sein Plätzchen wiedergefunden hat, läßt er das Weibchen alleine.

Die kleinen Vegetarier bevorzugen die saftigen jungen Triebe der Eukalyptusbäume, und die sind hoch oben in den Wipfeln zu finden. Dort holt sich auch der Koch der Koala-Klinik die Zutaten für den Speiseplan. Jeden Morgen streift er durch die Stadtwälder, um knackige Zweige einzusammeln, denn die kleinen Patienten sind wählerisch. Von den mehr als 500 Eukalyptusarten fressen sie nur etwa 50. Das Koala-Hospital muß ihnen mindestens vier Sorten am Tag anbieten. Je nach Jahreszeit sind einige davon giftig. Aber welche genau, das können nur die Koalas erschnuppern. Kein anderes Tier kann von den nur sehr schwer verdaulichen Blättern leben. Koalas dagegen verputzen rund ein Kilo frische Blätter am Tag. Und selbst das gibt ihnen nur sehr wenig Energie.

Aber manchmal können sie auch ganz schön lebhaft werden, wie beim Paarungsspiel. Mit lauten Brunftrufen und großen Gebärden signalisiert das Männchen seine Bereitschaft. Das Weibchen antwortet mit

meckerndem Fauchen, und die eher lautstarke Paarung kann beginnen. Das Männchen muß dem kleineren Weibchen auf den Rücken steigen. Und das muß die Koala-Dame erst mal erlauben. Ich will, ich will nicht, ich will ... das kann Stunden dauern.

Dreimal die Woche ist Sprechstunde in der Klinik. Franks und Liz' erste Patientin am Morgen, Amarina, wird privat großgezogen. Die Mutter der Kleinen hat sie mit der Koala-Krankheit Clamydia angesteckt. Seit zehn Wochen lebt sie zu Hause bei Mildred. Amarina hat eine Entzündung der Augen, und die müssen daher regelmäßig untersucht, ausgespült und eingesalbt werden. Eine Prozedur, die die kleine Dame schon recht geduldig erträgt. Aber es wird wohl noch Monate dauern, bis sie wieder gesund ist. Wichtig ist auch, daß sich die Krankheit nicht auf den Unterleib ausbreitet. Schließlich soll Amarina später eigene Junge aufziehen können. Mit viel Liebe und Zeit wird Amarina wieder völlig gesund werden.

Possum ist mit nur sieben Monaten jüngster Patient der Klinik. Er lebt in Privatpflege zu Hause bei Judy. Possums Mutter wurde von einem streunenden Haushund getötet. So putzig die Kleinen sind, sie bedeuten sehr viel Arbeit. Alle vier Stunden, auch nachts, braucht Possum seine Milch. Er muß an seine natürliche Umgebung gewöhnt werden und bekommt viel frischen Eukalyptus. Er wird noch etwa drei Monate bei seinen Pflegeeltern bleiben. Nach einer kleinen Spielrunde mit der Ersatzmutter muß sich Possum alleine in seinem Blätterbett amüsieren.

Einschlafen wird der Kleine aber noch lange nicht. Wie viele australische Tiere verschlafen Koalas die heißen Tage und werden erst nachts munter. Nicht selten verträumen sie den Tag – bis zu 18 Stunden. Da bleiben ihnen in der Nacht nur sechs Stunden zur Futtersuche. Dann klettern sie auf die tieferen Äste, wechseln ihre Bäume und markieren ihre Reviere.

Regelmäßig wandert das Team der Koala-Klinik durch die Nacht. Geht ja nicht anders, wenn sie über ihre lichtscheuen Nachbarn Buch führen wollen. Und jedesmal flüstern sie sich begeistert zu, wenn der Lichtkegel der Taschenlampe in den Baumkronen einen pelzigen Teddy erwischt hat.

Alle Pfleger und Helfer arbeiten ehrenamtlich. Die Koala-Klinik finanziert sich ausschließlich aus privaten Spenden. Genug Geld für die Arbeit mit den knuffeligen Koalas zu bekommen, das ist nicht immer ganz einfach. Aber der Einsatz lohnt sich. Die Koala-Familien breiten sich nach Jahrzehnten wieder in ihrem alten Reich aus. Die Wälder um Port Macquarie erwachen zu neuem Leben.

Es ist Spätsommer geworden in der Koala-Klinik. Nach fünf Monaten Pflege hat sich der kleine Evan zu einem neugierigen Eroberer gemausert. Noch genauso abenteuerlustig wie früher, kann ihm kein Baum hoch genug sein. Nur mit sehr viel Mühe und den alten Koserufen kann ihn Liz noch

Koalas werden in freier Wildbahn von den Wissenschaftlern mit äußerster Vorsicht untersucht. Streß kann bei den Tieren die gefährliche Koala-Krankheit Clamydia ausbrechen lassen. Nach den Untersuchungen werden sie wieder behutsam an ihren »Stammbaum« gesetzt.

Die kleinen »Bärchen« sind hochspezialisierte Vegetarier. Das macht ihr Überleben in Australien so schwierig.

herunterlocken. Sonst bleibt Evan tagelang in den Bäumen verschwunden.

»Hey, sieh mal, was ich hier habe.«

Evan ist zwar noch ein bißchen unbeholfen bei den ganz großen Kletteraktionen, aber er braucht keine Hilfe mehr von Liz. Also: Zeit für Evans Rückreise. Große Jungs dürfen an einem solch wichtigen Tag auch schwach werden. Es gibt noch einmal die leckere Joghurt-Mixtur aus der Pipette. Ein kleiner Leckerbissen zum Abschied, mit einem kleinen Medikamentencocktail.

»Evan, du gehst heute nach Hause, aber vorher kriegst du noch deine Wurmkur. Es geht zurück in den Wald. – Ich mag es, die Koalas wieder freizulassen, weil die Tiere einfach in die Wildnis gehören. Selbst wenn sie dort draußen nur einen Tag oder eine Woche überleben sollten, sind sie wenigstens frei gewesen. Ich hoffe nur, ich sehe ihn nie wieder, wenn wir uns Good bye gewünscht haben. Denn wenn wir ihn wiedersehen, steckt er wahrscheinlich in Schwierigkeiten. Es ist zwar ein bißchen traurig, daß ich ihn jetzt gehen lassen muß, aber es ist das einzig richtige.«

Zurück in den Wald: Evans Chancen stehen gut, daß er es alleine schaffen wird. Ein junger Koala, der die alte Dynastie auffrischen wird und sein neues Königreich von nun an behaupten muß. Liz setzt ihn an einen Baum, aber der Kleine macht keine Anstalten hinaufzuklettern.

»Wir müssen nur sicher gehen, daß es in seiner Nähe keine anderen Koalas gibt. Wir wollen kein Männchen, daß ihn direkt wieder verjagt. Ich glaube, das ist eine gute Stelle. So, Evan, jetzt warst du fünf Monate bei uns, heute ist dein Glückstag. Du bist wieder frei. Nun sieh dir mal diesen Baum an. Good bye Evan, viel Glück. Na los, Kleiner, mach dich auf, du bist frei! Bye Evan, benimm dich anständig, mach dir ein schönes Leben, und bleib weg von den Hunden und Autos.«

Eigentlich weiß man gar nicht so recht, wem hier der Abschied schwerer gefallen ist – Schwester Liz oder Evan. Aber auch wenn der Abschied schwerfällt – ein Koala ist eben kein Kuscheltier für das Sofa. Koalas gehören nun mal in die Freiheit der Eukalyptuswälder.

Das Koala-Hospital von Port Macquarie: eine besondere Klinik für besondere Patienten. Die letzte große Fahrt des kleinen Koala Evan macht ein wenig Mut.

Mut, daß Koalas in Zukunft nicht nur zum berühmtesten Stofftier Australiens werden. Mut aber auch, daß Koala, Wombat und Co. in Australien eine gemeinsame Zukunft haben.

DIE ARAS AUS DEM PANTANAL

Wegen ihrer leuchtenden Farben sind die großen Papageien, wie diese Gelbbrust-Aras, eine begehrte Beute von Schmugglern.

Die quicklebendigen Amazonen leben in einem Sumpfland Brasiliens, das die fast unvorstellbare Größe von 100 000 Quadratkilometern hat: dem Pantanal. Dort finden sich so viele tropische Tierarten, wie es sie sonst außerhalb des Pantanal nur in Afrika gibt. Viele dieser Tiere sind nachtaktiv, und als unser Tierzeit-Team nachts im Pantanal ankommt, begegnet es zunächst den Herren des Sumpflandes, die ihrer Lieblingsbeschäftigung nachgehen – dem Fischen. Die Kaimane haben nur darauf gewartet, daß über dem Pantanal die Sonne untergeht, denn dann bricht die Stunde der Jäger an. Ihre wertvolle Haut machte sie einst selbst zu begehrten Jagdobjekten, doch heute werden sie kaum noch gejagt, und es geht den urzeitlichen Reptilien besser. In aller Ruhe warten sie im Wasser auf Fische, die ihnen direkt aus dem Fluß in die furchteinflößenden Mäuler schwimmen. Sie legen sich einfach entgegen der Flußströmung. Eine Fangtechnik, die die Jäger zu wahren Lebenskünstlern in der Tierwelt des Pantanal macht. Menschen gehören nicht in ihr Beutespektrum – zu groß und zu sperrig. Wenn man Kaimane nicht füttert, verhalten sie sich ihrem einzigen Feind gegenüber scheu und zurückhaltend.

Während in der Nacht Millionen von Insekten die Geräuschkulisse des Sumpflandes beherrschen, bricht mit dem tropischen Sonnenaufgang das Konzert der Vögel an. 100 000 Quadratkilometer Sumpfland – ein Paradies für Wasservögel. Zu den gefiederten Bewohnern des Pantanal gehören zahlreiche Papageienarten wie die großen, akut vom Aussterben bedrohten Blauen Aras und Blaustirnamazonen. Sie sind in Europa leider als Haustiere sehr begehrt, was die Tiere an den Rand der Ausrottung gebracht hat. Wie die meisten anderen der etwa 600 bekannten Vogelarten des Pantanal sind auch die Amazonen sogenannte Standvögel, nicht weil sie dauernd in der Gegend herumstehen, sondern weil sie sehr ortstreu sind. Anders als die vielen Watvögel ernähren sie sich allerdings nicht von Fisch, sondern von Früchten und Blättern. Für die Papageien ist der große Sumpf ein wahres Paradies, doch im wirklichen Vogelleben gibt es heute kein Paradies mehr ohne Schönheitsfehler.

Drei Autostunden vom südöstlichen Rand des Pantanal entfernt in Campo Grande, der Hauptstadt der Region Mato Grosso do Sul, befindet sich die Zentrale von CRAS, dem Centro de Rehabilitacão de Animais Silvestres. CRAS ist eine Institution,

Die Aras sind ausgezeichnete Kletterer – ohne Seil und Haken. Mit ihren großen Schnäbeln können sie sich in gefährlichen Situationen am Ast festhalten oder nach vorne ziehen.

die sich zusammen mit der brasilianischen Forstpolizei um die bedrohten Bewohner des Regenwaldes kümmert. CRAS ist eine junge Organisation und ein gutes Beispiel für das wachsende Bewußtsein der Brasilianer für die Bedürfnisse und die Bedrohung ihrer einzigartigen Naturlandschaften.

Für die Mitarbeiter von CRAS gibt es, als das Tierzeit-Team sie besuchte, viel zu tun. 40 Blaustirnamazonen sollen in den nächsten Tagen in den Pantanal gebracht und dort in zwei Gruppen ausgewildert werden. Die Tiere hatte die Forstpolizei als Babys Schmugglern abgenommen. Jetzt ist der Zeitpunkt gekommen, sie wieder in ihren natürlichen Lebensraum zurückzubringen. Bevor es in den Wald geht, werden die Vögel noch einmal gründlich untersucht, damit ihre Startvoraussetzungen in der Freiheit möglichst optimal sind. Zur Abschlußuntersuchung gehört das für die Tiere ziemlich stressige, aber notwendige Blutabnehmen. Die Blutwerte entscheiden endgültig darüber, ob ein Tier zurück in die Freiheit kann. Die Blutabnahme wird an einem Flügel gemacht. Obwohl es nur ein kleiner Piks ist, kommen die Tiere trotzdem kopfüber in einen Sack. Was vielleicht aussieht wie Tierquälerei hat Methode. In den Leinensäckchen beruhigen sich die Vögel ein wenig, und wenn sie kopfüber darin liegen, ist es für die Mitarbeiter einfacher, sie zu behandeln. Auch die kleinsten Papageien haben Schnäbel, mit denen sie ziemlich kräftig zubeißen können.

Am Ende der Prozedur werden die Tiere vermessen und gewogen. Sämtliche Daten werden festgehalten und können später Aufschluß über die Entwicklung der jungen Papageien in der Freiheit geben. So unangenehm all diese Maßnahmen für die Papageien auch sein mögen, am Ende sollen sie helfen, daß Generationen junger Vögel, die Schmuggler ihrer natürlichen Umgebung entrissen haben, in die grüne Freiheit zurückkehren können.

Der WWF in Holland besitzt traurige Zeugnisse des verbotenen Handels mit exotischen Vögeln. Heimlich wurde mit der Kamera das Leiden der Tiere aufgenommen. Die Aussicht auf schnellen Profit in den Herkunftsländern und die geringe Gefahr durch Strafverfolgung in den Zielländern machen heute noch den Schmuggel zu einem Geschäft auf Kosten der geschundenen Tiere. Die Vögel werden in kleine Pappröhren gesteckt und mit einer Beruhigungsspritze von den Schmugglern

ruhig gestellt. Sodann gehen die engen Pappröhren mit den Papageien in einem Koffer auf die lebensbedrohliche Reise nach Europa – auch in die Bundesrepublik Deutschland. Nicht alle überleben die Tortur. Werden Tiere von der Forstpolizei oder vom Zoll beschlagnahmt, landen sie in Rehabilitationszentren wie dem von CRAS. Die Tierschützer versuchen alles zu tun, damit die Papageien in die Freiheit zurückkehren können. Für unsere vierzig Blaustirnamazonen ist es bald soweit.

Als ob Blutabnehmen und Schnabelvermessen nicht des Guten genug wären, geht es auch noch an das Gefieder. Bevor die Vögel endgültig ausgewildert werden, wird ihnen noch das Schwanzgefieder eingefärbt, damit sie später leichter zu identifizieren sind. Das ist auch ein Schutz für die Tiere selbst. Die Biologin Glaucia Seixtas kümmert sich selbst um das Färben. Es ist nicht gerade eine der angenehmsten Arbeiten, denn die Farbe geht auch von der menschlichen Haut nicht so ohne weiteres ab.

Alle großen Papageienarten stehen unter strengem Schutz. Besonders gefährdet sind aber diese größten Papageien, die Hyazinth-Aras. Sie werden etwa einen Meter lang.

Im brasilianischen Bundesstaat Mato Grosso do Sul herrscht immer noch ein wenig der Mythos von einem der letzten unberührten Gebiete auf der Welt. Und gerade im Pantanal sind rund 600 Vogelarten heimisch. Auf ihrer Suche nach Nahrung folgen sie dem wechselnden Wasserstand in dem riesigen Sumpfgebiet. Nach massiven Regenfällen steigen die Flüsse um mehr als drei Meter. Doch bei unseren Dreharbeiten für die Tierzeit-Dokumentation, im Januar, war es anders. Das Sumpfland war zwar nicht ausgetrocknet – aber die Regengüsse blieben aus. Die Ursache war vermutlich El Niño, die Warmwasserströmung im tropischen Pazifik, die immer wieder das Klima auf den Kopf stellt. Da es im Pantanal nicht regnete, konnten unsere Amazonen-Findelkinder ziemlich unproblematisch und trocken auf den Weg in ihre neue Heimat gebracht werden.

Die natürliche Heimat dieser Amazonen, das Sumpfland, ist eine weltweit einzigartige Naturlandschaft. Die Nutztiere, die erst der Mensch hierher gebracht hat, und eine Fülle tropischer Tierarten leben einträchtig nebeneinander. Für die Amazonen ist die beschwerliche Reise mit dem Geländewagen in ihrem engen Käfig nun fast vorbei. In wenigen Stunden werden sie in die Freiheit zurückkehren. Diese Auswilderung ist auch für die Mitarbeiter von CRAS ein echtes Experiment.

Die erste Gruppe von Vögeln beginnt den neuen Lebensabschnitt in der Nähe einer Facenda, deren große Bäume zahlreiche Amazonen als Schlafplätze nutzen. Ein ziemlich idealer Ort für die Tiere. So haben sie gleich eine nette Nachbarschaft. In den nächsten Tagen werden die Vögel noch gefüttert, damit sie sich langsam und streßfrei an die neue Umgebung gewöhnen können. Dies ist eine aufwendige und kostspielige Art der Auswilderung. Und wie das sooft bei Menschen und Oranisationen ist, die sich engagiert um die Natur kümmern: Es fehlt an allen Ecken das Geld für die Arbeit. Daher ist diese Art der Auswilderung ein Unternehmen, das in Zukunft schwer zu finanzieren sein wird.

Um in den kommenden Monaten das Verhalten der Papageien studieren zu können, legen die Mitarbeiter von CRAS einigen von ihnen Sender an, die die Tiere nicht behindern und die sie nach einigen Monaten von ganz alleine verlieren werden. Die bis dahin gesammelten Daten sollen helfen, die

Tiere in ihrer Art zu erhalten. Im Pantanal leben die größten Nager und die größten Papageien der Welt. Die Region ist Lebensraum für die Wasserschweine und Aras ebenso wie für den »Tuiuiu«, den großen Jabiruvogel.

Für die zweite Amazonengruppe geht es noch ein wenig tiefer in den Regenwald. Das Terrain haben die Mitarbeiter von CRAS vorher sorgfältig ausgewählt. Es verfügt über ausreichend fruchttragende Bäume, was für die Vögel vor allem in der ersten Zeit sehr wichtig ist. Diese Gruppe Vögel soll von Anfang an ganz auf sich selbst gestellt in der neuen Heimat zurechtkommen. Gelingt das Experiment – und die Biologen geben den Tieren gute Chancen –, würde diese Methode die Auswilderungsbemühungen in Brasilien enorm erleichtern.

Der Moment der Freilassung ist gekommen, doch nach so vielen Wochen in Gefangenschaft fallen die ersten Schritte in die Freiheit natürlich ziemlich schwer. Die Käfigbox mit den Vögeln wurde in eine Astgabel verkeilt und dann geöffnet. So brauchen die Tiere nur vor die Tür zu treten, um gleich in Freiheit zu sein. Wenn einer der Vögel erst mal den Anfang gemacht hat, folgen die anderen, wenn auch ein wenig zögerlich, am Ende doch alle nach. Klar, denn wer möchte nicht gerne in diesem grünen Paradies herumflattern?

Die Wissenschaftler brauchen exakte Daten für ihre Arbeit zum Erhalt der Vögel. Da interessiert es auch, wer den größten Schnabel hat.

Jetzt hängt alles davon ab, daß die Tiere möglichst schnell lernen, auch ohne den Menschen und solch segensreiche Einrichtungen wie Obstsalat und Wasserschälchen zurechtzukommen. Die ersten Vögel haben bereits angefangen, an den Früchten der Bäume herumzuknabbern. Probieren geht über Studieren. Die Mitarbeiter der CRAS finden die Bemühungen jedenfalls schon ganz vielversprechend.

Während man Blaustirnamazonen im Pantanal noch recht häufig antrifft, gehört der Arara Azul, der Blaue Ara, inzwischen zu den Vogelarten Lateinamerikas, die akut vom Aussterben bedroht sind. Längst müssen sich Menschen nach Jahrzehnten des Schmuggels auch um die bis zu einen Meter langen Riesen innerhalb der Papageienfamilie kümmern. Nur per Zufall und mit viel Glück gelangen dem Tierzeit-Team einmaligen Aufnahmen einer großen Gruppe Blauer Aras mitten in der freien Natur.

Ganz in der Nähe hängt ein eher unscheinbarer Holzkasten an einem Baum. Vorne ist eine große Öffnung zu sehen. Für die Biologin vom Projeto Arara Azul ist dieser schlichte Holzkasten von größtem Interesse. Ein Papageienpaar hat ihn als Nest für sein Baby akzeptiert. Entsprechend groß ist jetzt die Aufregung bei den Papageieneltern, als die Forscher den jungen Vogel einer Gesundheitsprüfung unterziehen wollen. Solche Kontrollen des inzwischen schon ziemlich kräftigen Babys sind von außerordentlicher Bedeutung. In zunehmendem Maße wird von den Naturschützern um jedes Tier gekämpft, da die Population des Blauen Aras immer kleiner wird.

Längst hat der Mensch viel zu sehr in den normalen Kreislauf der Natur eingegriffen, um bedrohte Arten jetzt sich selbst zu

Viele bunte Papageienarten sind bereits ausgerottet. Und mit jeder Art, die verschwindet, wird unsere Welt etwas grauer.

überlassen. Also heißt es auch für das gefiederte blaue Riesenbaby Blut abnehmen, messen und wiegen ... und dabei müssen die Forscher höllisch aufpassen. Das dicke Baby hat gut entwickelte Krallen und einen fast schon furchteinflößenden Schnabel.

Die Biologen sind zufrieden. Das Baby erfreut sich bester Gesundheit, und seine Eltern werden es – trotz der fremden Besucher – genauso wieder akzeptieren wie vorher. Ein bißchen beruhigen müssen sie sich allerdings erst noch.

Das Pantanal ist ein bedrohtes Paradies. Doch es bleibt zu hoffen, daß das Sumpfland, eine Fläche, die immerhin zweieinhalb mal so groß ist wie die der Niederlande, groß genug ist, den Bedürfnissen der Menschen Rechnung zu tragen. Und daß es gleichzeitig gelingt, diesen natürlichen Lebensraum zu erhalten, der in seinem Artenreichtum einzigartig ist. Viele Papageienarten sind bereits ausgerottet, wie beispielsweise der Maskarenen-Papagei – von ihm gibt es nur noch zwei ausgestopfte Museumsexemplare. Auch von den Amazonenpapageien sind drei Arten ausgerottet.

Wir sind heute in der glücklichen Lage, die meisten farbenfrohen Papageien noch in ihrem natürlichen Lebensraum zu erleben. Und die Amazonen in der freien Natur sollten auch dort bleiben. Wer denn nun gerne einen gefiederten Hausgenossen haben will, der kann schließlich auf die vielen bei uns gezüchteten Arten zurückgreifen.

TODFEINDE AM ORINOCO

Auf der Flucht vor den Göttern versperrte der gewaltige Orinoco-Fluß einer Urwaldprinzessin den Weg. Daraufhin sagte sie sich: »... dann soll das Wasser mein Weg sein«, und verwandelte sich in die Herrscherin des Flusses – die Anaconda. Die Macht über das Wasserreich teilt sie sich mit dem Orinoco-Kaiman.

Über die absoluten Herrscher der tropischen Sümpfe und der Wasserwelt Venezuelas gibt es zahlreiche Anekdoten und Legenden von Ungeheuern mit ungezähmten Kräften. Monster, die man weder hört noch sieht, bis sie fauchend vor den Opfern auftauchen ... Doch in der Wirklichkeit ist es genau andersherum. Die Reptilien werden aus Furcht wahllos vom Menschen getötet, und der Wert ihrer Häute brachte sie an den Rand des Aussterbens. Außer den furchterregenden Geschichten aus der Unterwelt ist bisher jedoch recht wenig über die Tiere zu berichten. Die Schlangen haben sich wahrscheinlich in der Kreidezeit aus den Echsen entwickelt, zu einer Zeit, als die Erde noch von Dinosauriern bevölkert wurde.

Abenteurer in den Gewässern der Wissenschaft versuchen, den Geheimnisschleier der Anaconda zu lüften und den Orinoco-Kaiman aus Zuchtstationen wieder in seinem natürlichen Lebensraum einzusetzen.

»Wenn es sich bewegt, schnapp es dir«, rät der Schlangenforscher Jesus Rivas, »versuch aber das richtige Ende zu erwischen.« Dabei grinst der Wissenschaftler wie ein verschmitzter kleiner Junge, der ein Geheimnis kennt. Er stapft durch Schlamm, der mit grünen Pflanzen überwuchert ist. Es ist das sumpfige Ufer des Orinoco. Freiwillig würde ich so etwas eigentlich nicht machen. Es sei denn, ich habe so einen erfahrenen Schlangenforscher wie Jesus Rivas an meiner Seite.

Jesus Rivas bewegt sich auf wissenschaftlichem Neuland. Für seine Untersuchungen hat er bisher über 800 Anacondas gefangen – die vielen Wiederholungsfänge mitgezählt. Er schreitet weiter durch das sumpfige Ufer. Ohne Stiefel oder Sandalen.

»Hier ist eine geeignete Stelle, um zu suchen ... ich hoffe, der Wasserspiegel ist tief genug gesunken ... mal sehen ob wir Erfolg haben.« Für die meisten Menschen ist es ein Alptraum, barfuß auf eine Schlange zu treten. Für den Biologen Jesus ist es die beste Methode, die im Schlamm dösenden Tiere aufzuspüren.

»Hast du die Spur gesehen? ... Die ist ganz schön breit.«

Im Wasser ist die halbaquatische Schlange dem Menschen an Geschwindigkeit und Kraft weit überlegen. Nur in den sumpfigen Lagunen besteht eine Chance, die Tiere zu fangen. In den austrocknenden Wasserarmen teilen Zitteraale bis zu 600 Volt starke Schläge aus, Süßwasser-Rochen verteidigen sich mit einem giftigen Stachel. Eine eher unangenehme Gegend für einen geborenen Mitteleuropäer. Jesus beobachtet intensiv den Boden und schreitet ganz langsam weiter vorwärts: »Das beste ist, an den Ufern zu suchen.« Die Schlange lauert am Rand der Lagune auf ihre Opfer, die zum Trinken ans Wasser kommen. Es wäre ungewöhnlich, sie in der Mitte des Flusses zu finden. Sie liegt mit dem Kopf zum Ufer gerichtet, um ihre Beute zu beobachten. Die Anaconda ist eine Boa, die ihre Opfer bis zur Erstickung umklammert. Selbst kleine Kaimane gehören zu den erjagten Tieren.

Im Schlamm hat sich etwas bewegt. Jesus geht langsam darauf zu und greift blitzschnell in den Morast. Mit sicherem Griff packt er das Anaconda-Männchen direkt hinter dem Kiefer, so ist es gegenüber seinem einzigen Feind wehrlos. Jesus hält den riesigen Kopf der Anaconda fest: »Hier sieht man eine Narbe. Bei der Jagd umringeln sie mit der ersten Windung ihre Beute. Oft werden sie dabei im Überlebenskampf des Opfers gebissen.« Die Anaconda öffnet das Maul.

Unser Team ist mißtrauisch und hält sich lieber ein wenig am Rand des sumpfigen Flusses auf. Für die meisten Menschen ist es ein Alptraum, barfuß auf eine Schlange zu treten. Für den Biologen Jesus Rivas ist es die beste Methode, die dösenden Tiere aufzuspüren.

»Die obere Zahnreihe ist doppelt und die untere nur einfach. Die Zähne sind nur dazu geeignet, das Opfer festzuhalten«, erklärt Jesus seelenruhig weiter.

Um etwas über das Verhalten der wissenschaftlich fast unbekannten Ungeheuer zu erfahren, betreibt Jesus eine Langzeitstudie. In Südamerika wird oft davon erzählt, eine Anaconda würde zwölf oder dreizehn Meter lang werden. Entdeckt wurde bisher kein so großes Tier, obwohl die New Yorker Zoologische Gesellschaft einen Preis von 5000 Dollar ausgesetzt hat, falls jemand eine Anaconda findet, die mehr als zehn Meter lang ist. Auch das zeigt, daß die Wissenschaftler immer noch sehr wenig über das gefürchtete Reptil wissen. Jesus versucht das zu ändern. In seiner kleinen Hütte am Orinoco hat er sich ein Labor eingerichtet – soweit das unter den Umständen möglich ist. Denn sein Leben gleicht an diesem Ort eher dem von Tarzan als von Einstein. Er sitzt auf dem Boden, greift nach der Anaconda und stülpt ihr einen Leinensack über den Kopf. »Das ist die Strumpftechnik«, sagt er wieder mit seinem spitzbübischen Lächeln, »so können sie nicht beißen und auch nichts sehen.«

Jesus sieht sich genau die Schuppen der Schlange an und streift mit dem Finger darüber. »Zur Erkennung vergleichen wir das Schuppenmuster: zwei schwarze ... weiß ... weiß, weiß. Eins, zwei, drei, vier, fünf, sechs, sieben ... also siebenhundert.«

Das hat er natürlich hochgerechnet und nicht abgezählt. Das wäre sonst für ihn und die Schlange eine ziemliche Quälerei. Sodann entfernt er einige Schuppen. Ein Erkennungscode, um das Tier bei einem Wiederfang zweifelsfrei zu erkennen.

»Sollte ich das Tier in diesem Jahr erneut fangen, so kann ich es an seiner Markierung gleich erkennen und lasse es sofort wieder frei.«

An der Unterseite der Schlange gibt es eine Stelle, an der eine kleine ›Kralle‹ unter den Schuppen zu erkennen ist. Der Sporn ist ein kümmerlicher Rest der Beine. Man nimmt an, daß das Männchen bei der Paarung das Weibchen mit dem Sporn betastet und sich an ihr festhält.

Die Anaconda-Weibchen sind wesentlich größer als die Männchen. Das Exemplar, das Jesus gerade untersucht, ist fast acht Meter lang und wiegt 75 Kilo. Es ist eines der größten registrierten Tiere im Forschungsprojekt. Die ausgewachsenen Männchen werden nur um die vier bis fünf Meter lang. Das Anaconda-Weibchen ist trächtig, der Hinterleib ist geschwollen. Die Eier werden im Körper ausgebrütet und die Jungen lebendig geboren. Um die Anacondas vor der verhängnisvollen Dezimierung zu retten, ist es wichtig, etwas über die Fortpflanzung zu erfahren. Diese Schlange wird daher in Gefangenschaft studiert.

Bei der Arbeit mit den Schlangen gewinnt man natürlich auch diese Tiere lieb, und die Forscher denken ungern an den kommerziellen Nutzen, den viele darin sehen. Ein lebendiges Tier ist viel mehr wert als ein totes – falls man in diesem Zusammenhang überhaupt von Wert sprechen will.

Der Frieden rund um das Forschungsprojekt des Jesus Rivas trügt: Jährlich werden Tausende Anacondas illegal im Amazonas und dem Orinoco-Becken erlegt. Für ihre Häute werden immer noch extrem hohe Preise gezahlt. Auch das Fleisch wird

Es wurden schon Anacondas entdeckt, die ein ganzes Kalb oder einen Kaiman verschlungen hatten.

Die »entführten« Anaconda-Männchen wurden auf die Forschungsstation gebracht. Jesus Rivas und seine Mitarbeiterin untersuchen die Schlangen gründlich, bevor sie sie wieder in der Nähe des Weibchens freilassen. Der Liebe wegen.

leider nicht nur von den Eingeborenen geschätzt. Jesus Rivas verdrängt diese Gedanken bei seiner Arbeit. Er ist wieder unterwegs im sumpfigen Uferbereich des Orinoco. Plötzlich stößt er auf ein selbst für ihn ungewöhnliches Ereignis. Mitten im Schlamm liegen mehrere Anacondas ineinander verknotet. Es ist überhaupt nicht auszumachen, wieviele es sind oder wo die eine Schlange anfängt und die andere aufhört. Jesus weiß natürlich, was da vor sich geht:

»Das ist ein Reproduktionsknoten – sozusagen ein Liebesknoten. Ein Weibchen und ... schwer zu sagen ... aber mindestens vier bis fünf ›Machos‹. Sie bleiben vier bis sechs Wochen verknäult, das hängt von der Größe des Weibchens ab.«

Bei so vielen Liebhabern bleibt die Frage offen, wer am Schluß der Schlangenvater ist. Es wurden Reproduktionsknoten mit bis zu zwölf männlichen Tieren gefunden. Um das Rätsel zu klären – aus rein wissenschaftlichen Gründen, versteht sich –, wird das Liebesnest ausgehoben. Jesus ist begeistert: »Das ist das größte Männchen, das wir jemals gefangen haben.«

Das Weibchen soll einen Radiosender schlucken. Jesus hat es hinter dem Kiefer gepackt und versucht, ihm die Kapsel mit dem Sender in das Maul zu drücken. Die Kapsel hat die Form eines etwas zu groß geratenen Dragees. Die Schlange spürt offensichtlich, daß man so eine Kapsel nicht wirklich verdauen kann, doch gefühlvoll drückt Jesus das Teil Stück für Stück den Schlangenleib hinab. Mit dem Sender ist das Weibchen während der Befruchtungsphase und später bei der Geburt der Anaconda-Jungen jederzeit zu orten und damit auch zu schützen. Jesus läßt das Weibchen wieder frei: »Tut mir leid. Bis bald.«

Die Männchen hingegen werden auf die Forschungsstation gebracht. Durch eine Blutprobe soll geklärt werden, welcher »Macho« der Vater der Jungen ist, oder ob die Eier von verschiedenen Männchen befruchtet wurden. Nach der Untersuchung sollen die Männchen wieder in die Freiheit entlassen werden. Um die entführten Anaconda-Männchen wieder möglichst nahe beim Weibchen auszusetzen, wird die Schlange mit Hilfe der Radiotelemetrie geortet. Sie hat ja jetzt den Sender. Die GPS-Ortung gibt auf wenige Meter genau die Ortskoordinaten an. Schließlich wird sie in einem Schlammloch entdeckt, und die »Machos« werden wieder zu ihr gebracht.

Dank der Forschungsarbeit von Jesus Rivas werden die Schauergeschichten über die Länge und das Gewicht der Reptilien

Einen Kaiman kann man nicht auf eine Personenwaage stellen. Für eine ordentliche Kaimanwaage brauchen die Naturschützer vier kräftige Männer und vor allem Isolierband.

wohl bald ein Ende haben. Obwohl tatsächlich Anacondas getötet wurden, die ein ganzes Kalb oder einen Kaiman im Magen hatten. Legendär ist eine Anaconda der Llanos, die einen Hirsch verschlungen hatte und zugrunde ging, weil das Geweih nicht in das Maul paßte.

Es gibt noch einen anderen Forscher am Orinoco, der sich seit Jahrzehnten um eine besondere Art von »Monstern« kümmert: der deutschstämmige Tomás Blohm.

»1946 waren wir am Orinoco-Fluß und haben durch Zufall ein Nest von einem Krokodil gefunden, aus dem die Jungen gerade ausschlüpften; da habe ich mir sieben Stück mit nach Hause genommen, und so hat es angefangen. Ich habe im Grunde nur das weitergemacht, was ich als kleiner Junge schon angefangen hatte. Erst besaß ich einen Salamander, dann eine Eidechse. Doch ein Krokodil war natürlich viel interessanter als ein Salamander. Auch in der Schule war man viel beliebter, wenn man ein Krokodil hatte und nicht nur einen Hund oder eine Katze.«

Heute hat Tomás Blohm eine Kaiman-Aufzuchtstation, El Masaguaral, mit zehn Weibchen und vier Männchen. Jedes Jahr legen sie rund 350 Eier. Die ausgeschlüpften Jungen läßt er nach einem Jahr frei. Don Tomás hat damit einen der Schlüssel für den Erhalt des genetischen Schatzes der Ungeheuer vom Orinoco. Mit einem Jahr sind die jungen Kaimane zwischen 80 cm und einem Meter lang und damit groß genug, um ihren natürlichen Feinden zu entgehen: den Guako-Fischreihern und den artverwandten Alligatoren. Bis die Jungtiere ganz ausgewachsen sind, bleiben die Anacondas – außer dem Menschen – die einzigen Feinde der kleinen Kaimane.

Jeder Kaiman wird mit einer Metallplakette markiert und das Tier so registriert. Von den bis jetzt fast 1000 in der Natur ausgewilderten Tieren wurden bisher jedoch nur wenige wiedergefunden und identifiziert.

Als lebenslänglichen Paß, der nicht verlorengehen kann, markiert der Tierpfleger zusätzlich einen Code in die Schwanzschuppen. Davon spüren die Reptilien nichts; das ist ein bißchen wie Fußnägelschneiden. Don Tomás kommt vorbei und sieht den Tierpflegern bei der Arbeit zu:

»Hallo Caco, was für einen Fisch hast du gekauft?«

»Das sind Barsche«, antwortet Tierpfleger Caco und wässert weiter die Fische.

»Vergiß nicht, die Vitamine beizugeben.«

Es ist nicht leicht, die Vorgänge der Nahrungskette der Natur nachzuahmen und die Fütterung im Gleichgewicht zu halten. Durch Ausprobieren mit der Nahrung lernten die Kaiman-Züchter, die Brut aufzuziehen. Ohne künstliche Vitamine kommt man da nicht aus.

Im Teich neben der Brutstation sind Alligatoren zuhause. Wegen des auffallenden Augenhöckers werden sie in Venezuela auch Brillenkaiman genannt. Sie sind «Mitesser«

und kommen immer auf einen Fischhappen vorbei. Im Laufe der Jahre haben sie sich an die Fütterung mit Fischabfällen gewöhnt. Die Alligatoren sind kleiner als die Orinoco-Kaimane und sehr anpassungsfähig an ihr Habitat. Sie haben sich vom Süden Mexikos bis nach Bolivien ausgebreitet. Dort, wo der Orinoco-Kaiman ausstarb, hat der Alligator die Lebensnische eingenommen. Von seiner Haut ist nur wenig verwendbar, und sie hat nur einen geringen Wert, was die Art vor der Ausrottung bewahrte.

Die Muttertiere für die Zucht der Kaimane werden regelmäßig auf ihren Gesundheitszustand überprüft. Ein nicht ganz ungefährliches Unterfangen. Wer läßt sich schon gerne das Maul zubinden? Erst wenn die Augen mit einem Tuch bedeckt sind, kann der Kaiman-Spezialist Caco sich dem Tier in der Grube nähern. Das gewaltige Maul hat unglaubliche Kraft beim Zuschnappen, die Muskulatur zum Öffnen ist im Gegensatz dazu relativ schwach ausgebildet. Ein Isolierband genügt, um das Tier zu bändigen. Wie alle Reptilien entwickeln die Kaimane für kurze Zeit gewaltige Kraft. Sie haben jedoch keine Ausdauer und ermüden rasch, so daß Siegfrieds Kampf mit dem Drachen eher kurze Zeit gedauert haben dürfte. Äußerst gefährlich ist der muskulöse Schwanz dieser Amphibien. Im Wasser ist er der Antrieb und läßt die Tiere wie Raketen aus dem Wasser schießen. Das Weibchen aus der Zuchtstation ist drei Meter lang und wiegt 70 Kilogramm. Ihr steht ein langes Leben bevor. In Gefangenschaft gibt es Exemplare, die über 60 Jahre alt und bei bester Gesundheit sind.

Tierpfleger Caco, der das Kaiman-Weibchen untersucht, ist auch ein wenig abergläubisch: »Berührt man die Nase eines Kaimans, bedeutet das 20 Jahre Glück.«

Darüber hinaus wird den Kaimanen zu Lebzeiten sonst absolut keine positive Eigenschaft zugeschrieben: Sie sind grausam, häßlich und verfressen – so berichten seit Jahrhunderten die einheimischen Chronisten. Lange Zeit wurde auch das Aufnehmen der Jungen im Maul der Mutter falsch interpretiert: Den Tiermüttern wurde unterstellt, selbst ihre eigenen Jungen zu fressen. Das Brutverhalten der Familie der Krokodile ist die wichtigste Eigenschaft, die sie zusammen mit den Vögeln als direkte Nachfahren der Saurier ausweist.

Die älteren Kaimane werden reisefertig gemacht. Sie sind registriert, gemessen und gewogen. Nun wartet die große Freiheit auf die Tiere. Die Karawane mit dem genetischen Schatz der Nachkommen aus der Frühzeit des Planeten macht sich auf den Weg in ein fast menschenleeres Gebiet, in den Nationalpark von Aguaro-Guariquito.

Die Naturschützer machen sich nichts vor: Der Orinoco-Kaiman kann für den Menschen gefährlich werden, obwohl der Mensch mit Sicherheit nicht auf dem bevorzugten Speiseplan der Kaimane steht. Das Tier verteidigt im Grunde nur sein Revier und die Brut. Doch nach dem Boom der Kaimanhäute in den zwanziger Jahren wurden die Reptilien in den folgenden Jahrzehnten fast ausgerottet.

48 junge Kaimane werden in einem Seitenarm des Apure, einem der großen Zuflüsse des Orinoco, ausgewildert. Von den Freilassungen der vergangenen fünf Jahre haben die Wildhüter allerdings bisher nur wenige Exemplare wiedergefunden. Doch jeder einzelne Kaiman zählt für die Erhaltung seiner Art.

Das Beispiel der Anaconda und des Orinoco-Kaimans zeigt, daß auch vermeintliche Monster und Bestien in Gefahr sind und auszusterben drohen. Aber der Einsatz der Menschen am Orinoco wird das hoffentlich verhindern.

DIE MARGAYS VON COSTA RICA

Der Margay hatte Helmut Mülfarth ins Herz geschlossen. Aber – äußerst spitze Zähne und eine Zunge wie ein Reibeisen machen ein freundliches Lächeln für den Moderator schwierig.

In den ersten Lebensmonaten erinnern sie an eine einfache getigerte Hauskatze – aber sie sind echte Dschungelkatzen: die Margays, die kleinen Raubkatzen, die auch als Baumozelot bezeichnet werden. Leider erleidet er auch das gleiche Schicksal wie der Ozelot, denn der Margay wird wegen seines wunderschön gezeichneten Fells gnadenlos gejagt. Aber nicht nur wegen seines prachtvollen Fells – auch, weil er ganz einfach niedlich ist. So werden vor allem Jungkatzen von Einheimischen gern als Haustiere gehalten – eine Tierliebe, wie sie schädlicher kaum sein könnte. Der deutsche Biologe Siegfried Weisel weiß, daß das den Ozelot-Verwandten ebenfalls großen Schaden zufügen kann.

Der Regenwald von Costa Rica ist ihre Heimat, und das Dschungeldickicht bietet den kleinen Raubkatzen Schutz. Ihre Geschicklichkeit und Kletterkunst machen die Margays vor allem auf den Bäumen zu ganz großen unter den Dschungelkatzen. Margays und Ozelots haben im Regenwald Costa Ricas kaum natürliche Feinde – wäre da nicht der Mensch.

Margays und Ozelots, die von der costaricanischen Tierschutzbehörde beschlagnahmt wurden, finden in der Wildkatzen-Auffangstation Profelis – also »für die Katze«, »pro felis« – ein neues Zuhause und neue Hoffnung auf ein Leben in Freiheit. Die beiden deutschen Biologen Sabine Weber und Sigi Weisel nehmen sich seit einigen Jahren des Schicksals verletzter und konfiszierter Wildkatzen an. Auch das kleine Margay-Baby mit Namen Cleo findet bei Profelis eine neue Heimat. Es ist zweieinhalb Monate alt und träumt sicher davon, ein großer wilder Margay im Dschungel zu sein.

Die Station liegt im Süden des Landes, an der Pazifikküste. Als wir dort sind, dösen 32 Wildkatzen in diesem Terrain, vornehmlich Margays und Ozelots.

Obwohl Profelis eigentlich eine reine Katzenstation ist, werden natürlich auch andere hilfsbedürftige Tiere nicht zurückgewiesen – zum Beispiel ein kecker Nasenbär. Oder ein Klammeraffe, der sich gerade furchtbar darüber aufregt, daß sich eine Stabheuschrecke in seinem Gehege breitgemacht hat. Er schreit und zetert, läßt das große Insekt nicht aus den Augen. Schließlich muß Sigi kommen und versuchen, mit einem Stab die Heuschrecke aus dem Affenterrain zu bugsieren, was auch gelingt. Es dauert aber anschließend noch eine Weile, bis sich der Klammeraffe von der Aufregung erholt hat.

Die Station ist international, die Helfer kommen aus allen Himmelsrichtungen, und es gibt genug zu tun. Die kleine Cleo hat sich gut eingelebt und genießt das Spiel mit der neuen Ersatzmutter Sabine, auch wenn die nicht ganz so schön schnurren kann.

»Cleo wurde in der Karibik konfisziert. Sie war in einer Familie mit unwahrscheinlich vielen Leuten. Sie wurde ständig gestreichelt und fotografiert. Sie ist sehr zahm, und das bereitet mir Sorgen. Sie ist einfach zu sehr an Menschen gewöhnt.«

Cleo turnt regelrecht auf Sabine herum. Mit den Hinterpfoten auf der Schulter und mit den Vorderpfoten auf dem Kopf. Sabine versucht jetzt, daß der kleine Margay so wenig Menschenkontakt wie möglich bekommt. Nur sie spielt ab und zu mit Cleo.

»Wenn die Margays in Gefangenschaft alleine sind, ist das ein Problem. Sie werden schnell deprimiert und fangen dann an, am Schwanz zu nuckeln, oder sie rupfen sich sogar das Fell aus. Das kann ich nur durch etwa eine Stunde spielen am Tag verhindern.«

Die Margays bekommen immer nur ein einziges Junges, wodurch die Beziehung zur Mutter normalerweise ziemlich eng ist. Wird das Katzenbaby seiner Mutter beraubt, ist das nicht nur äußerst brutal gegenüber dem Tier, das Katzenjunge kann auch für sein späteres Leben nichts mehr von der Mutter lernen.

Beschäftigung und Fürsorge ist für die Katzen, die nicht mehr freigelassen werden können, wichtig. Das Ozelot-Weibchen mit dem indianischen Namen Tafa ist ein trauriges Beispiel: Durch falsche Ernährung in Gefangenschaft verformten sich Tafas Vorderbeine, ihre Wirbelsäule hängt durch, und ihr fehlen Zähne. Die regelmäßige Schmusestunde mit Sigi Weisel ist Balsam für die geplagte Katzenseele. Auch Margay Benji wird nie in die Freiheit zurückkehren können. Er hat eine bleibende Verletzung am linken Hinterbein und hätte im Regenwald keine Chance zu überleben.

Für eine Raubkatze in Gefangenschaft ist Beschäftigung oberstes Gebot. Und was

Das wunderschön gezeichnete Fell kostete Tausende von Ozelots und Margays das Leben. Aber wer einmal eine solche Raubkatze gestreichelt hat, wird niemals nach einem Mantel aus Margayfell verlangen. Darum werden in der Forschungsstation in Costa Rica auch einige zahme Wildkatzen gehalten, um das Bewußtsein der Menschen zu ändern.

Ein Wildtier wie der Margay gehört in die Freiheit des Dschungels. Es ist keine Hauskatze, und es wird auch keine.

könnte sich dafür besser eignen als die Fütterung. Speziell jene Katzen, die wieder freigelassen werden sollen, dürfen nie verlernen, sich um ihr Futter zu bemühen. Darum werden die Fleischhappen so im Gehege verteilt, daß die Tiere auch mal ein wenig klettern und zerren müssen, um den Hühnerschenkel zu erwischen. Die Auswilderungskandidaten lernen so, daß man sich Futter immer erarbeiten muß – sie werden nicht träge und trainieren ihre Geschicklichkeit und ihre Wahrnehmungsorgane.

Abwechslung bei der Fütterung schafft Helfer Marco Fischer. Er hat ein einfaches, aber raffiniertes System, sozusagen einen »automatischen Wasser-Fleisch-Hebe-Arm«, entwickelt, durch den die Margays und Ozelots der Station ihre Nahrung nicht mehr zwangsläufig mit dem Menschen in Verbindung bringen. Er hat einen Schwenkarm aus Holz am Maschendraht angebracht. Auf der einen Seite liegt das Futter in einem Blechnapf, an der anderen Seite hängt eine Wasserflasche aus Plastik. Sie ist mit Wasser gefüllt, das aber stetig aus einen Loch herauströpfelt. Irgendwann beginnt der Arm sich zu bewegen, und der Fleischbrocken senkt sich in greifbare Nähe des Tieres. Hoffentlich suchen die Tiere später in Freiheit nicht auch nach solchen Schwenkarmen an den Bäumen. Oder nach Hühnchen in Blechnäpfen. Denn jeden Tag bekommen sie ihr Futter, steht irgendwo eine Schale Wasser. Das funktioniert natürlich in der Freiheit des Dschungels nicht mehr. Es gibt keinen Baum, hinter dem ein Futternapf steht. Die Margays, oder überhaupt alle Raubkatzen, die längere Zeit in Gefangenschaft verbracht haben, müssen ihre eigentlich natürlichen Verhaltensweisen wieder neu erlernen. Ein mühsamer Weg, der selbst dann noch nicht abgeschlossen ist, wenn sich die Tür des Käfigs geöffnet hat.

Eine wichtige Aufgabe sehen Sigi Weisel und Sabine Weber darin, das Bewußtsein der einheimischen Familien für die Wildkatzen zu schärfen. Die Kinderhand, die den zahmen Ozelot einmal gestreichelt hat, wird niemals nach einem Pelzmantel verlangen. Seinen großen Vorderpfoten verdankt der Ozelot übrigens den spanischen Namen Manigordo – große Hand.

Dadurch, daß die Regenwaldgebiete zunehmend abgeholzt und anschließend besiedelt werden, schrumpft der Lebensraum für den Ozelot, der wie der Margay vom Aussterben bedroht ist. Früher war es vor allem das schön gezeichnete Fell, das Tausende von Ozelots und Margays das Leben kostete. Heute ist der Handel mit Ozelotfellen zwar verboten, aber hundertprozentig kontrollieren kann das niemand.

Der Lebensraum der Ozelots und ihrer kleineren Verwandten erstreckt sich über die Waldgebiete ganz Lateinamerikas. Über die Zahl der heute noch freilebenden Ozelots und Margays gibt es keine genauen Angaben, da die Dschungelkatzen äußerst scheu sind und eigentlich nur in der Nacht aktiv werden.

Margays sind um einiges kleiner als ein Ozelot, die Fellzeichnung ist jedoch absolut identisch. So wundert es nicht, daß die Margays auch Baumozelot genannt werden.

Im Regenwald gibt es kaum bessere Kletterspezialisten als die Margays. Den Affen können sie natürlich keine Konkurrenz machen. Aber die Fähigkeit, ihre Hinterpfoten um 180 Grad zu drehen, machen sie zu Artisten unter dem Blätterdach.

Das Reiben des Kopfes an Baumstämmen dient dem Markieren durch Drüsen, die an Kinn und Wangen sitzen. Margays sind Einzelgänger und beanspruchen ein eigenes Territorium. Sie durchstreifen den Waldboden zur Jagd auf Mäuse. In der Trockenzeit ist der Boden des Regenwalds mit einer dicken Blätterschicht bedeckt, wodurch die Beutetiere – Mäuse, Ratten oder Eichhörnchen – zwar manchmal schlecht zu sehen, dafür aber um so besser zu hören sind. Bei der Jagd verlassen sich Margays auf Augen und Ohren. Riechen können sie auch prima, aber die feine Nase wird für etwas ganz anderes eingesetzt: bei der Partnersuche oder um feindliche Tiere zu erkennen. Frei nach dem Motto: Ich kann dich oder ich kann dich nicht riechen.

Etwa eine Flugstunde von der Station entfernt liegt der Nationalpark Piedras Blancas. Das ausgedehnte Regenwaldgebiet am südlichen Zipfel Costa Ricas soll die neue Heimat zweier Margays werden, die Sigi Weisel bald in die Freiheit entlassen wird. Im Menschen sieht er die größte Gefahr für seine Schützlinge, darum sollen die Margays fernab der Zivilisation in die Freiheit zurückkehren. Das Auswilderungsgebiet hat Sigi Weisel sorgfältig ausgesucht. Es ist abgelegen, es verfügt über ausreichend Wasser und Nahrung, und auch andere Margays und Ozelots leben in diesem Gebiet. Bei der Partnersuche sollte es also auch kein Problem geben.

Nachdem das Auswilderungsgebiet feststeht, wird in der Station der große Moment vorbereitet. Die Margays Maya und Inca sollen auch nach ihrer Freilassung noch einige Zeit unter Kontrolle bleiben, und dafür trifft Sigi Weisel Vorbereitungen. Die Tiere sollen ein Halsband mit einem Sender tragen. Sigi sitzt an einem einfachen Tisch in einer Hütte, die nach drei Seiten offen ist, und arbeitet an den Halsbändern:

»Die Sender sollen nicht für immer und ewig den Margays am Hals sein. Deshalb baue ich Sollbruchstellen ein. In drei bis vier Monaten werden sie die Halsbänder dadurch verloren haben.«

Diese Zeit reicht für die Beobachtungen – die Margays sollen den Sender nicht länger tragen als notwendig. Durch Stärke und Frequenz der Impulse werden später wichtige Erkenntnisse über Aufenthaltsort und Aktivität der Katzen gewonnen.

Den Margays das Halsband anzulegen ist nicht leicht. Maya und Inca sind durch die Vorbereitung auf die Auswilderung dem Menschen völlig entfremdet und würden sich sogar von Sigi Weisel nicht anfassen lassen. So müssen sie für das Anlegen des Senders betäubt werden, was sicherheitshalber in Anwesenheit eines Veterinärs geschieht.

Die Spritze mit dem Betäubungsmittel wird mit Präzision durch ein Blasrohr geschossen, möglichst in den muskulösen Oberschenkel des Hinterbeins. Trifft die Spritze nicht genau die anvisierte Stelle, könnte das der Katze große Schmerzen oder sogar Verletzungen zufügen. Auch für den erfahrenen Sigi Weisel keine leichte Aufgabe. Beide Margays liegen – so kann er nicht schießen, er muß sie zum Aufstehen bewegen.

Sobald sie getroffen sind, läuft die Zeit. Das Betäubungsmittel braucht einige Minuten, um zu wirken. Maya ist in tiefen Schlaf gefallen. Sofort vergewissert sich Sigi Weisel, daß ihr Herz noch schlägt – bei falscher Dosierung des Betäubungsmittels könnte der Organismus der Katze zusammenbrechen. Der Tierarzt kontrolliert noch einmal den Herzschlag.

Das Halsband wird angelegt. Es darf weder zu eng, noch zu weit sein. Den beiden Biologen ist es sehr wichtig, mit Hilfe des Senders den Nachweis erbringen zu können, daß die Margays trotz ihrer langen Gefangenschaft in Freiheit überlebensfähig sind. Nur so kann Profelis in Zukunft die Unterstützung im Land bekommen, die das Projekt braucht, um die Arbeit langfristig mit Erfolg fortzusetzen.

Ein Transportkäfig dient der besseren Überwachung, wenn die Katzen langsam wieder zu sich kommen. Sind sie wieder bei Bewußtsein, können die Margays zurück ins Gehege. Bevor sie ins Freilassungsgebiet gebracht werden, sollen die beiden noch einige Tage in ihrer gewohnten Umgebung ver-

Wegen seiner Ähnlichkeit mit einem Ozelot wird der Margay auch Baumozelot genannt.

bringen. So können sie sich von dem Streß der Betäubung erholen und sich an ihre Halsbänder gewöhnen.

Margays sind nachtaktiv. Da bleibt es eben nicht aus, daß auch die beiden Biologen nachts durch die Station schleichen, um die Tiere mit Hilfe eines Nachtsichtgerätes zu beobachten. Das gibt am meisten Aufschluß über Verhalten und Zustand der Katzen. Sabine Weber möchte sich vor allem vergewissern, daß die beiden Margays die Halsbänder annehmen und nach der Betäubung keine Verhaltensstörungen zeigen. Ein Blick durch das Nachtsichtgerät zeigt, daß beide Tiere munter sind.

Am anderen Morgen ist es soweit – die Katzen sind für die Freilassung gut vorbereitet und werden nun ins Auswilderungsgebiet gebracht. Für Maya und Inca soll dies das letzte Mal sein, daß Menschen ihren Weg bestimmen. Noch können die Katzen nicht ahnen, daß dieser Transport sie in eine Dschungelwelt ohne Zäune führen soll. Am Ziel angekommen, stellen die Biologen eine Art mobilen Käfig auf, in den sie zunächst die Margays setzen. Es wäre zu riskant, die Katzen direkt nach dem Streß des mehrstündigen Transports in die Freiheit zu entlassen. In dem eigens dafür aufgestellten Dschungelgehege sollen sich Maya und Inca von ihren Strapazen erholen und langsam an die neue Umgebung gewöhnen. Dann kommt der große Moment. Sigi Weisel knipst den Draht des Geheges durch.

Für die Katzen sind es die letzten Minuten in Gefangenschaft. Das Tor zur Freiheit öffnet sich. Noch scheinen die Margays dem Ganzen nicht wirklich zu trauen. Für Sigi Weisel sind das die spannendsten Momente seiner Arbeit. Eines der Tiere zeigt mit den trippelnden Hinterpfoten sogar Drohverhalten. Doch endlich ergreift die erste Katze die Initiative – und ist frei!

Für Maya und Inca beginnt damit ein neues Leben. Wenn alles normal verläuft, werden Mayas und Incas Wege sich vermutlich bald trennen, und jede der beiden wird sich ein eigenes Revier suchen.

Alle sind irgendwie nervös, glücklich und besorgt zugleich. Es ist viel schwieriger, etwas loszulassen, was man liebt. Aber schließlich ist es das Ziel der Station, auf das alle hingearbeitet haben.

Für die beiden Margays gibt es schon gleich hinter dem Gehege einige neue Nach-

barn zu entdecken. Ein Tucan und ein Faultier beäugen die neuen Bewohner. Bei denen hält sich die Begeisterung allerdings in Grenzen. Plötzlich ist ein schnatterndes Schnurren zu hören. Seltsamen Geräusche, an die sich die Margays gewöhnen müssen. Der Schnatterruf gehört zu einem Waschbären. Sigi schmunzelt. Er kennt diese frechen Pelztiere.

»Gerade bei konfiszierten Tieren lohnt sich die Mühe besonders, sie auf ein Leben in der Wildnis vorzubereiten und später wieder freizulassen. Ihre Überlebenschancen sind weitaus größer als bei Tieren, die in Gefangenschaft geboren wurden. Denn in ihrem ersten Lebensabschnitt haben sie den Dschungel ja schon kennengelernt. Und das ist prägend.«

Auch die Nationalparkverwaltung verfolgt die Auswilderung inzwischen mit großem Interesse und schickt einen offiziellen Beobachter. In Begleitung des Rangers machen sich die Tierschützer zum letzten Mal auf den Weg zu Mayas und Incas neuem Revier.

Für Sigi Weisel und Sabine Weber ist das die Zeit des Abschiednehmens von den beiden Margay-Damen. Es ist der Moment, der ihre Arbeit so wertvoll macht: Zwei Dschungelkatzen, die keine lebenswerte Zukunft mehr hatten, kehren schließlich doch in den Regenwald, in ihren Regenwald, zurück.

Es wäre der größte Wunsch der Tierschützer, wenn ihre Arbeit in Costa Rica den Grundstein dafür legen würde, daß in

Im Dschungel stehen keine Fleischtöpfe herum. Vor dem Fressen kommt die Jagd. Für eine echte Raubkatze ist das natürlich kein Problem.

Zukunft noch mehr von Menschen mißhandelte Wildkatzen eine zweite Chance erhielten – die Chance auf den Platz, den die Natur eigentlich für sie als Lebensraum vorgesehen hat: den Dschungel.

Sigi Weisels einzige Möglichkeit, sich in den nächsten Wochen ein ungefähres Bild von dem Aufenthaltsort der beiden Katzen zu machen, sind die Halsbandsender und das Peilgerät. Mit Hilfe der Peiltechnik können die beiden Biologen zumindest sicher sein, ob ihre Margays die ersten Monate in Freiheit überleben. Und mit etwas Glück bekommen sie ihre Freunde vielleicht sogar noch mal zu Gesicht.

Ein Wildtier wie der Baumozelot gehört in die Freiheit des Dschungels. Es ist keine Hauskatze und wird auch keine. Und ein Tier wegen seines Fells grausam zu töten, zeigt nichts anderes als eine Verachtung gegenüber den Lebewesen, gegenüber der Natur. Die Arbeit von Menschen wie Siegfried Weisel und Sabine Weber ist demgegenüber ein kleiner Schritt in die richtige Richtung.

Leider wurde das im Januar 1999 nicht mehr so von der costaricanischen Regierung gesehen. Jegliche Unterstützung für die Wildtierstation Profelis wurde gestrichen. Die beiden deutschen Biologen waren verzweifelt. Ein paar Monate später erklärte sich ein Geschäftsmann bereit, die beiden zu unterstützen und auf seine Kosten eine neue Station aufzubauen. Neue Hoffnung für die Margays von Costa Rica.

MANATEES – SIRENEN IM POOL

Die dicken, gutmütigen Manatees dümpeln meistens an der Wasseroberfläche und sind sehr neugierig. Sie tauchen auch auf, um nachzusehen, welche Boote auf der Wasseroberfläche fahren. 60 Prozent der Tiere werden durch Zusammenstöße mit Rasern getötet.

Seit 45 Millionen Jahren schwimmen die Manatees durch die Meere. Sie sind mit den Elefanten verwandt und äußerst gutmütig. Die Manatees oder Seekühe haben eine ausgesprochene Lieblingsbeschäftigung, und das ist das Fressen von Seegras. Damit verbringen sie bis zu fünf Stunden täglich. Man hat dann natürlich auch ein bißchen Probleme mit der Taille. Und die Waage zeigt schon mal 650 Kilo an. Aber das ist eben für Manatees normal. Die flachen Buchten und Arme des St. John's River im östlichen Zentralflorida sind der Lebensraum der letzten wildlebenden Manatees. Vor etwa 60 Millionen Jahren trennten sie sich von ihren nächsten Verwandten, den Elefanten. Die dicken »Sirenen« wechselten vom Land ins Wasser.

Wir sind unterwegs im Blue Spring State Park, einem Seitenarm des St. John's River. Der Park ist ein Naturschutzgebiet, das in den Wintermonaten Zufluchtsort für die Manatees ist, von denen es weltweit nur noch wenige tausend Exemplare gibt. Zwischen Dezember und Ende Februar gilt diesen Besuchern die besondere Aufmerksamkeit der Parkranger. Einer von ihnen ist Wayne Hartley, Ranger seit 17 Jahren. Die Manatees wurden zu seiner Lebensaufgabe:

»Ursprünglich war da ein Buch, das mir meine Großmutter schenkte: *Die Tierwelt Nordamerikas*. Ich habe viel darin geblättert, und da gab es auch ein Bild von einem Manatee. Ich konnte mir gar nicht vorstellen, daß so ein Tier in meinem Land leben sollte – das gehörte eher nach Südamerika oder Afrika, an einen exotischen Ort, weit weg. Und als ich dann nach Florida kam und Ranger wurde, fand ich heraus, daß Manatees regelmäßig nach Blue Spring kamen.«

Der Blue Spring State Park verdankt seinen Namen der warmen Quelle, die diesen Seitenarm des Flusses speist. Mit konstanten 23 Grad Wassertemperatur ist das Quellgebiet der ideale Zufluchtsort für die Seekühe, die bereits bei etwa 16 Grad in tödlichen Kältestreß geraten. Als erstes mißt Wayne daher jeden Morgen die Temperatur im Fluß. Der wird jetzt, Mitte Februar, langsam wärmer. Wayne paddelt mit seinem Kanu den kristallklaren Fluß entlang, der links und rechts am Ufer gesäumt ist von den verschiedensten grünen Pflanzen. Wayne hält an und holt ein Thermometer heraus, das er ins Wasser gleiten läßt: »17,5 Grad, ein bißchen wärmer als gestern, aber

Wayne sieht auf ein Foto und verzieht das Gesicht: »Das ist Success, der am schlimmsten verstümmelte Manatee. Sie war gestern den ganzen Tag hier. Ihr fehlt ein großer Teil der Schwanzflosse, und ihre Seite sieht wie Hackfleisch aus. Als sie zwei Jahre alt war, staken vier Rippenknochen aus ihrer Seite. Ich bewundere sie aber. Sie hat einen unheimlichen Lebenswillen. Obwohl sie soviel mitgemacht hat, hat sie seitdem schon drei Kälber geboren. Deshalb nennen wir sie Erfolg. Aber die meisten Leute denken, wir nennen sie so, weil sie diese schweren Verletzungen überlebt hat.«

nicht viel.« Viele Manatees haben sich jetzt bereits zurück in den Fluß gewagt. Ungefähr ein Dutzend Tiere vermutet Wayne noch im Quellgebiet.

Nach 17 Jahren im Park hat Wayne ein gutes Auge. Unter der Wasseroberfläche sieht er ein Muttertier mit einem Kalb. Die beiden sind in den Wintermonaten regelmäßige Besucher des Parks. Die meisten der Manatees, die in Blue Spring sind, kommen immer wieder. An sehr kalten Tagen sind bis zu 90 Tiere da, ein richtiges Gedrängel im Fluß, und Wayne kennt sie alle. Er kontrolliert sogar mit seinem Boot, wer denn nun gerade im Fluß unterwegs ist.

»Ich beginne meine Tour zwischen acht und zehn Uhr morgens. Das vermerke ich in meinem Notizbuch. Heute also 8.20 Uhr. Ich versuche zunächst, alle Manatees zu identifizieren und mache so eine Art Morgenappell, wie ein Lehrer in der Schule. Natürlich schreibe ich auch auf, wo sich die Tiere genau befinden.«

Fast jedes Jahr muß Wayne allerdings erleben, daß Tiere nicht zurückkehren. Und jedes Tier, das zurückkehrt, hat neue Narben. Narben von Bootskollisionen. Da kann Wayne richtig sauer werden.

»Der größte Killer der Manatees sind die Motorboote. 60 Prozent der Tiere werden durch Zusammenstöße mit den Rasern getötet. Die meisten stoßen mit dem Rumpf zusammen oder mit dem Außenborder. Der Rest wird Opfer der Schiffsschrauben.«

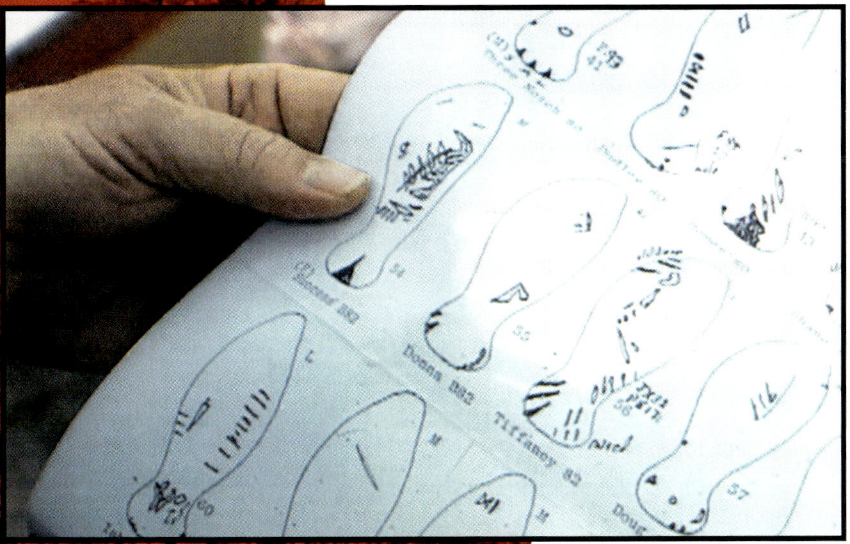

Die großen Narben auf den Rücken der Tiere dienen Wayne als Erkennungsmerkmale für seine Manatees. Er zeigt uns die Zeichnungen und Fotos: »Hier haben wir Nick und Tiffany und Beatle und Lilly, Brutus, Merlin und Flash. Flash schwamm wie ein Blitz. Ich mache immer zuerst die Fotos und später die Zeichnungen. Oft zeichne ich aus dem Gedächtnis und muß die Bilder anhand der Fotos korrigieren.«

Außerhalb von Naturschutzgebieten wie Blue Spring müssen sich die letzten Manatees ihren immer knapper werdenden Lebensraum mit Hunderttausenden von Booten teilen. Boote, von denen aus man in den trüben Gewässern die Tiere nur schwer erkennt. Die Manatees sind oft sehr zutraulich und neugierig. Aber gerade das wird ihnen zum Verhängnis. Die Motorschrauben werden für die langsamen Seekühe zur tödlichen Gefahr. Und davon gibt es in Florida genug. Bis zu 700 000 Boote, für die man, wenn überhaupt, allenfalls einen Autoführerschein braucht. Und die Fahrer halten sich allzu häufig nicht an die Geschwindigkeitsbegrenzung.

Manatees können bis zu vier Meter lang werden, und große Tiere wiegen ohne weiteres bis zu 750 Kilogramm. Die außerordentlich friedfertigen Säuger haben keine natürlichen Feinde. Sie wirken gelassen und scheinen den größten Teil des Tages mit Fressen beschäftigt. Im Winter zumeist in den warmen Gewässern Floridas, machen sie sich im Sommer jedoch auf lange Wanderschaften.

Ihre Rückkehr ist für Wayne Hartley die Zeit der Bestandsaufnahme. Seine hautnahen Beobachtungen werden später von Wissenschaftlern ausgewertet. Das Florida Marine Research Institute in St. Petersburg ist die wissenschaftliche Schaltstelle für die

Seekühe vermehren sich langsam. Nachwuchs stellt sich nur alle zwei bis fünf Jahre ein, und in der Regel bringt die Mutter lediglich ein Kalb zur Welt. Ob diese Geburtenrate die hohe Zahl von rund 300 toten Manatees pro Jahr auf Dauer ausgleichen wird, ist fraglich.

Bewahrung bedrohter Fluß- und Meerestiere. Im Institut ist Susan Tarr verantwortlich für den Manatee-Katalog, der den Bestand an Manatees anhand ihrer auffälligen Narben registriert. Sie sitzt vor ihrem Computerbildschirm und sieht sich die grafischen Zeichnungen der Manatees an. Dieser Katalog ist nicht das einzige Hilfsmittel der Forscher in Florida. Ein biologisches Labor, die Langzeitbeobachtung der Wanderbewegungen mit Hilfe eines Satelliten sowie jährliche Zählungen vom Helikopter aus sollen helfen, mehr über diese akut vom Aussterben bedrohte Tierart zu erfahren. Susan geht mit uns zu einer Kartenwand. Die Umrisse von Florida sind erkennbar, und überall kleben bunte Punkte:

»Unsere wichtigsten Daten kommen aus der Lufterfassung, der Todesstatistik und der Entfernungsmessungen. Diese Karten zeigen Daten aus der Lufterfassung. Die gelben Punkte zeigen Aufenthaltsorte von Manatees, die roten, wo sie sich häufig aufhalten.«

Wir begleiten Bruce Ackerman, im Institut verantwortlich für die Lufterfassung von Meeressäugern, auf einem Beobachtungsflug. Mit einem kleinen Hubschrauber kreisen wir über die Küsten. Flüge wie dieser dienen der zahlenmäßigen Erfassung der Tiere, zeigen den Forschern, welche Gebiete sie vermehrt aufsuchen, wo zusätzliche Schutzmaßnahmen nötig sind. Aus der Luft ist zu erkennen, in welch gefährlicher Nähe die Tiere sich zu Häusern am Ufer und Bootsstegen aufhalten. Eine Situation, die aus einem Boot, auch wenn dies nicht besonders schnell fährt, viel schwieriger einzuschätzen ist.

Direkt unter uns erkennt Bruce Ackerman ein Tier mit einem Satellitensender. Mehr als 15 solcher Sender sind im Einsatz. Der Satellit registriert jede Wanderbewegung der ausgewählten Tiere. Für die Forscher in St. Petersburg wichtige Daten im Kampf für die Erhaltung der Manatees.

Unzählige Narben von Zusammenstößen mit Motorbooten, Flossen tief eingeschnitten von Fischerleinen und Netzen – die Zähigkeit, mit der sich die Seekühe immer wieder von schwersten Verletzungen erholen, ist vielleicht das hervorstechendste Charakteristikum einer Tierart, die seit Millionen von Jahren auf der Erde überlebt hat. Unser Ranger Wayne Hartley kennt kein einziges Tier, das nicht schon mindestens einmal schwer verletzt wurde.

»Jedes Tier, das auch nur ein Jahr alt ist, ist von einem Boot überfahren worden. Wir kennen Tiere, die hatten schon im Alter von einer Woche Propellernarben. Wir haben einmal gezählt und herausgefunden, daß Manatees durchschnittlich etwa zwölfmal im Jahr mit Booten kollidieren. Und das ist eine vorsichtige Schätzung, das sind sichere Fälle. Irgendwann kollidiert jedes Tier mit einem Boot.«

Wenn Wayne spät am Vormittag in sein Büro am Ufer des Flusses zurückkehrt, führt er Buch über seine Tiere. Eines von ihnen, das Männchen Boomer, starb nach einer Bootskollision im April 1994. Für Wayne ein schwerer Verlust: »Boomer war ein Baby, als ich 1979 hierher kam. Seine Mutter war Emma, sie ist inzwischen auch gestorben. Und immer, wenn ich nach Boomers Alter gefragt wurde, mußte ich daran denken, wie lange ich bereits im Park war und so wußte ich dann sein Alter. Boomer war groß. Früher unterschieden wir zwischen großen erwachsenen Tieren, Kälbern und noch kleinen Heranwachsenden. Aber dieses System hat sich nicht bewährt. Ausgewachsene Tiere wie Lenny sehen ihr Leben lang aus wie Heranwachsende. Aber Boomer war erst zwei Jahre alt und so groß wie ein Erwachsener. Er wurde nur ein Jahr gesäugt und war schon selbständig. Wegen seines Namens und natürlich weil er so freundlich war, war er sehr populär im Adoptionsprogramm für die Manatees.«

Eine Bürgerinitiative hat sich zur Rettung der bedrohten Säuger gebildet. Sie hatte die Idee, daß man vielleicht die Tiere adoptieren könnte. Ein Patenschaftsprogramm wurde eingerichtet. Bis heute haben sich weltweit 40 000 Menschen an dem Hilfsprogramm beteiligt. Nancy Sadusky betreut den Save the Manatee Club.

»Wenn Sie ein Tier adoptieren, bekommen Sie ein Zertifikat mit einem Foto, und dann erhalten Sie auch die Biographie des Tieres und viermal im Jahr unseren Rundbrief.« Save the Manatee Club ist ein privater Verein, eine Art Manatee-Lobby, die Aufklärungs- und Öffentlichkeitsarbeit betreibt und nicht zuletzt eine Manatee-Hotline eingerichtet hat. Es gibt eine Rufnummer, mit der Bürger die Küstenwache über verletzte Tiere informieren können. Es ist paradox: Die Situation der Manatees wird durch die Menschen verursacht, und gleichzeitig werden Menschen als Retter in der Not auf den Plan gerufen.

Sirenen – Seejungfrauen, ein zoologischer Begriff mit mythologischem Beiklang. Etwa ein Dutzend von ihnen lebt ständig in Sea World Orlando. Tiere, die gesundgepflegt werden, bevor man sie oft erst nach Monaten wieder aussetzen kann. Aber auch Seekühe, die so schwer verletzt waren, daß sie für immer hier bleiben müssen. Profit und praktischer Artenschutz – für Amerikaner kein Widerspruch.

Ed Nugenbauer von Sea World Orlando steht bis zu den Hüften in einem Wassertank. Um ihn herum schwimmt langsam ein kleines Manatee-Junges. »Hier haben wir Roca, ein junges Kalb, das aus Tampa Bay zu uns gekommen ist. Sie hatte keine Mutter mehr. Also haben wir sie aufgezogen, gleichsam als Ersatzmutter. Wir geben ihr rund um die Uhr alle vier Stunden die Flasche, Tag und Nacht. Das tun wir, wenn die anderen schlafen. Und wir werden das mindestens noch ein Jahr lang tun.«

Seekühe vermehren sich langsam, Nachwuchs stellt sich nur alle zwei bis fünf Jahre ein, und in der Regel bringt die Mutter lediglich ein Kalb zur Welt. Ob diese Geburtenrate die hohe Zahl von rund 300 toten Manatees pro Jahr auf Dauer ausgleichen wird, ist fraglich. Immer noch zählt manchem das satte Röhren seines Außenborders mehr als der Gesang der Sirenen.

»Wir spielen eine große Rolle bei der Rehabilitierung und beim Wiederaussetzen von Manatees, die von Menschen verletzt oder Opfer zum Beispiel von Kälteperioden wurden. Wir sind an jedem Strand oder in jeder anderen Gegend im Staat, um ein Tier zu retten, wenn nötig wieder gesund zu pflegen und wieder in die Wildnis auszusetzen. Das Ziel ist, sie so schnell wie möglich wieder in ihre natürliche Umgebung zu entlassen.«

Eine solche Rettungsaktion leitete Ed Nugenbauer auch in Blue Spring. Luna, ein ausgewachsenes Weibchen, mußte eingefangen werden, um sie von einer Fischerleine zu befreien. Zusammen mit ihr ging den Helfern von Sea World auch ihr Kalb Margarito ins Netz.

Wer kräftig an der Flasche nuckelt, wird groß und stark – oder auch dick und rund, wie es sich für eine ordentliche Seekuh gehört. Die Mitarbeiter von Sea World betreiben bei den Manatees praktischen Artenschutz.

Wenn Seemänner früher von molligen Sirenen mit Fischschwänzen berichteten, glaubte man, sie hätten zu tief ins Glas geschaut. Aber eigentlich war die Beschreibung der Meeressäuger gar nicht so verkehrt. Die Florida-Manatees haben auch Verwandte im Indopazifik. Dort heißen die knuffigen Sirenen Dugongs.

Geduldig ließ das 700 Kilogramm schwere Tier die schmerzhafte Operation über sich ergehen, denn die Fischerleine hatte sich tief in seine Haut eingeschnitten. Luna hatte Glück, die Verletzungen waren nicht so schwer, daß sie nach Orlando gebracht werden mußte. Statt dessen ging es sofort zurück in die Freiheit.

Wayne Hartley zieht ein Resümee: »Momentan scheinen sich die Bestände ein wenig zu erholen, aber die Bevölkerung Floridas wächst, und das ist für die Manatees ein Problem. Das bißchen Zuwachs an jungen Manatees, das wir jetzt haben, kann die negative Entwicklung bei den Tieren kaum aufheben.«

Eine solche Entwicklung zeichnet sich in Florida ab. Bereits im April 1996 stieg die Zahl der toten Manatees auf 250, mehr als im ganzen Jahr 1995. Die Ursachen für die Krise, die sich diesmal nicht nur auf Motorbootunfälle zurückführen läßt, sind noch ungeklärt. Und immer wieder bleibt die bange Frage, ob das im Augenblick nicht die letzte Generation Manatees ist. Aber vielleicht erreichen Menschen wie Wayne Hartley, daß die Manatees Vorfahrt haben – vor den Motorbooten, vor den Menschen. Vielleicht kann der Ranger eines Tages seine Seekühe nicht mehr unterscheiden, weil sie keine Narben mehr haben. Aber bis dahin ist wohl noch ein langer Weg.

CYNTHIA UND DIE BUCKELWALE

Eine alte kanadische Legende erzählt davon, daß Wale Seeungeheuer sind, mit übernatürlichen Kräften, und daß sie in einer Stadt auf dem Meeresgrund leben. Wir wissen natürlich heute, daß das in den Bereich der Sagen und Legenden gehört, aber buchstäblich alles wissen wir von den Walen nicht.

Die Wissenschaftlerin Cynthia d'Vincent hat die Gesänge der Wale aufgezeichnet und – sie kennt den Text. Dazu muß sie natürlich erst einmal die Wal-Lieder aufnehmen, und so geht sie mit dem Schiff Seaplay auf die Suche nach den »Wal-Tenören«.

Die kalifornische Wissenschaftlerin Cynthia d'Vincent kommt schon seit 25 Jahren in die Gewässer Alaskas, um das Leben der Buckelwale zu erforschen. Als erste fand sie heraus, daß Buckelwale auch in ihren Sommerquartieren vor Alaska singen und nicht nur, wie bisher behauptet, vor Hawaii. Mit an Bord ist eine Freundin von Cynthia, Anita Becker. Auch sie ist von den Riesen der Meere fasziniert. Kapitän John Brooks hält schon mal vorsichtshalber Ausschau nach den Walen, damit es keine Kollision zwischen Wal und Boot gibt.

Buckelwale müssen, wie jedes im Wasser lebende Säugetier, regelmäßig zum Luftholen an die Wasseroberfläche kommen. Beim Auftauchen stoßen sie die verbrauchte Luft aus. Die kleine Fontäne, die dabei entsteht, verrät schon von weitem, wo sich der Wal befindet. Und das ist besser als jede Notiz auf der Seekarte, wo sich vielleicht Wale befinden könnten.

Nicht nur die Buckelwale schlagen sich den Magen voll. Eine Gruppe von Orcas ist

Buckelwale können manchmal regelrecht ausgelassen sein und herumtoben. Dabei springen die Schwergewichte aus dem Wasser. Es kann sich dabei um ein Spiel zwischen Mutter und Kalb handeln, oder man will zeigen, wie stark man ist.

auf der Jagd nach Beute. An den unterschiedlichen Schwanzflossen, den Fluken, lassen sich die Wale sehr gut auseinanderhalten. So kann auch Cynthia genau feststellen, wo und wann welche Tiere zu sehen sind.

Auf ihrer Wanderung von den Winter- in die Sommerquartiere legen die Wale Tausende von Kilometern zurück. Dabei bewegen sie sich ständig auf und ab. Dieser Schwimmstil sorgt dafür, daß der Wal sowohl angeschoben als auch durch einen entstehenden Unterdruck nach vorne gezogen wird. Die elastische Haut verhindert Wirbelbildungen am Körper. Sehr aquadynamisch sozusagen. Ihr »Außenbordmotor« ist dabei die Schwanzflosse. Buckelwale heben ihre Fluke weit über den Wasserspiegel, wenn sie abtauchen. Ein wichtiges Erkennungsmerkmal, falls man gerade Wale sucht. Wann immer sie können, jagen Buckelwale im Verband. Bis zu 20 Tiere schließen sich manchmal dabei zusammen. Und am liebsten mögen sie Krill oder Hering.

An Bord der Seaplay werden am Abend, in einer stillen Bucht, schon einmal die Pläne für den nächsten Tag geschmiedet. Doch das schlechte Wetter macht den Forschern einen Strich durch die Rechnung. Im Nebel können sich die Wale heute ganz ungestört fühlen. Es macht für Cynthia keinen Sinn, in Nebelschwaden herumzufahren und Wale zu suchen. Also entschließt sie sich, mit ihrem Team den Lachsen im Chuck-Fluß einen Besuch abzustatten, und fährt mit dem Schlauchboot an Land.

Auch die Lachse legen jedes Jahr Tausende von Kilometern zurück, um zu ihren Laichplätzen zu gelangen. Nicht jeder Fisch schafft es, gegen die starke Strömung der Flüsse anzukämpfen. Viele bleiben bei dem anstrengenden und kräftezehrenden Versuch im Kiesbett liegen und überleben nicht. So gelangen schließlich nur die kräftigsten Lachse an die Laichplätze. Was für die einen ein trauriges Schicksal, ist für die anderen, wie etwa die Bären, ein gefundenes Fressen – der Kreislauf der Natur, dem sich kein Wesen entziehen kann.

Durch die starken Regenfälle der vergangenen Tage ist selbst das Wasser in den Seitenarmen des Flusses stark angestiegen. Cynthia möchte an den Ort der Massenhochzeit. Einen halben Kilometer oberhalb der Küste liegen schon die ersten Laichplätze der Lachse. Nach dem anstrengenden Aufstieg legen die Fische erstmals eine kleine Verschnaufpause ein. Die Ruheplätze sind heiß begehrt, und um die beste Stelle gibt es dabei natürlich immer ein Gedränge. Diejenigen, die es geschafft haben, halten, nachdem sie zu Kräften gekommen sind, Ausschau nach einen geeigneten Partner. Und nicht selten buhlen dabei mehrere Männchen um ein Weibchen. Rangeleien sind an der Tagesordnung. Lachshochzeiten können mehrere Tage dauern. Etwa 40 000 Eier werden in dieser Zeit in Schüben zwischen den Steinen abgelegt. Warum die Lachse in Schwärmen flußaufwärts wandern, um an bestimmten Stellen abzulaichen, ist bis heute immer noch nicht geklärt.

Auf dem Weg zurück zur Seaplay überlegt Cynthia, warum sie bisher so wenigen Buckelwalen begegnet ist. Möglicherweise liegt es an den viel zu hohen Wassertemperaturen im gesamten Gebiet. Auch dabei hat offenbar El Niño seine Hand im Spiel.

Die Seaplay ist übrigens ein ganz besonderes Forschungsschiff. Gebaut wurde sie 1934 in New York, und nicht nur Wissenschaftler reisten mit ihr durch die Meere. Auch berühmte Musiker wie die Beatles, Mick Jagger oder Elton John lauschten vom Schiff aus den Unterwasser-Konzerten ihrer tierischen Kollegen.

Die Seaplay nimmt Kurs auf ein anderes Gebiet der Bay. Cynthia nutzt die Zeit, um ihre gesammelten Daten auszuwerten.

Anita möchte unterwegs noch eine andere Freundin besuchen. Das hat sie sich

Die Fluke ist der »Motor« der Wale. Sie kann bis zu sechs Meter breit sein. Beim Buckelwal erreicht sie eine Breite von vier Metern. Die Schwanzfluke hat kein Skelett, sie wird nur durch Muskeln gestützt.

fest vorgenommen. Die Bekanntschaft mit der anderen Freundin machte sie zum ersten Mal vor drei Jahren. Für einen Besuch sind allerdings Flossen und Schnorchel notwendig. Sie springt ins klare Wasser, und als der Luftblasenvorhang um sie herum verschwunden ist, kommt ein Beluga-Wal neugierig auf sie zugeschwommen. Anita hat keine Angst, denn sie kennt das Tier gut. Und auch der Beluga-Wal kann sich noch gut an das Wesen mit den komisch gefärbten Flossen erinnern und läßt sich zur Begrüßung bereitwillig den Kopf streicheln.

Eine faszinierende Beziehung zwischen einem wilden Tier und einem Menschen. Der Beluga ist weder dressiert noch angelockt worden. Er schwimmt permanent um die Forscherin, dreht den Kopf und läßt sie nicht aus den Augen. Vielleicht möchte er sich aber noch ein paar Streicheleinheiten bei Anita abholen. Und eine Runde spielen kann auch nie verkehrt sein.

Belugas sind Zahnwale. Sie können bis zu fünf Meter lang werden und an die 1500 Kilogramm wiegen. Damit gehören sie noch zu den eher zierlichen Vertretern der Wale. Die auch als Weißwale bezeichneten Tiere haben eine sehr ausgeprägte Gesichtsmimik. Sie können ihren Mund verziehen und sogar die Lippen spitzen. Belugas leben meist in Küstennähe, in Buchten oder Flußmündungen. Ganz oben auf ihrem Speiseplan stehen Krebse und eine Vielzahl an Fischarten – und die erbeuten sie auf dem Meeresboden. Belugas sind sehr wendige Schwimmer und können im Gegensatz zu ihren Verwandten den Kopf drehen. Ob rückwärts oder vorwärts schwimmen, Hauptsache es macht Spaß. Die Lust zu spielen ist nicht zu übersehen.

Vier Wochen im Jahr verbringt Anita in der Nähe des Beluga-Weibchens. Sie ist eigentlich eine »Ausreißerin«. Sie gehört zu einer Gruppe von Weißwalen, die ihren Sommer im St.-Lawrence-Golf verbringt. Es ist nicht ungewöhnlich, daß einzelne Tiere für eine zeitlang von der Gruppe fortschwimmen und dabei durchaus große Entfernungen zurücklegen. Auf die berühmteste Wanderschaft ging 1966 ein Weißwal, der bis nach Duisburg den Rhein hinaufschwamm. Alle Versuche, das Tier einzufangen, scheiterten. Nach einem Monat »Urlaub in Deutschland« machte sich der Beluga wieder auf den Heimweg. Auch Anitas Freundin wird sich vermutlich bald wieder auf den Weg zu ihrer Gruppe machen.

Cynthia will nicht länger warten und Anita beim Spiel mit dem Beluga zusehen. Der Nebel hat sich verzogen, und so hat sie sich entschlossen, die Buckelwale vom Flugzeug aus zu suchen.

Alaska ist der größte Bundesstaat der USA und im Vergleich zu den anderen Staaten fast menschenleer. Stark zerklüftete Fjorde – eine wildromantische Landschaft. Ein großer Anteil der Bevölkerung Alaskas gehört zu den amerikanischen Ureinwohnern, den Inuit, und verschiedenen Indianervölkern. Und warum so wenige Menschen in Alaska leben, liegt wohl an dem ausgesprochen ungemütlichen Klima. Viel Regen und Temperaturen bis minus 50 Grad im Winter sind keine Seltenheit.

Überall sind die Zeichen der lang anhaltenden Regenfälle sichtbar. Anita vermutet, daß das Wasser der Buchten in diesem Jahr zu ausgesüßt ist, Hering und Krill ins offene salzhaltigere Wasser abgezogen sind.

Ein Buckelwal ist plötzlich in einer Bucht aufgetaucht, er wird von Seelöwen bedrängt. Das Spiel heißt »Walschubsen«, ist aber ernst gemeint. Denn die Seelöwen wollen die Beute des Wals. Der Wal schlägt immer wieder mit seiner Fluke auf die Wasseroberfläche. Damit will er aber nicht die Seelöwen verjagen. Es hat einen anderen Grund: »Flipperfeeding«, so nennen das Biologen, was der Wal im Wasser veranstaltet. Keine Sorge, er will keine Fernseh-Delphine verspeisen. Der Wal schaufelt mit der Fluke Oberflächenkrill in sein geöffnetes Maul. In die Hände klatschen kann ein Wal nicht, deshalb schlägt er mit der Fluke aufs Wasser. Das macht er auch, wenn er lästige Parasiten loswerden will. Cynthia hat noch eine andere Vermutung: »Vielleicht verständigt er sich auch nur mit seinen Artgenossen. Es könnte ein Bulle sein, der seine Partner zur Jagd auffordert. Möglicherweise gibt es an der Stelle einen Heringsschwarm, und der Bulle möchte mit seiner Gruppe gemeinsam fischen.«

Das kleine Wasserflugzeug landet wieder sanft in der Bucht und fährt auf seinen Wasserkufen auf die Seaplay zu. Cynthia bedankt sich beim Piloten und klettert über die Reling an Bord des Schiffes. Am nächsten Tag, da ist sie sich sicher, wird sie ihre jagenden Buckelwale finden. An diesem späten Nachmittag bereitet sie noch ihr Unter-

Beim Anblick von Krill direkt unter der Wasseroberfläche knurrt jedem Wal sofort der Magen. Die Schwärme von Kleinkrebsen sind Vorspeise, Hauptspeise und Dessert. Die Beute wird wie mit einer Kelle abgeschöpft. Mahlzeit!

wassermikrofon vor und läßt es ins Wasser. Schallwellen werden unter Wasser über große Entfernungen übertragen. Die Laute eines Buckelwals sind zu hören. Es ist der Gesang eines Walbullen, der die Mitglieder seiner Gruppe auffordert, einen Heringsschwarm einzukesseln. Diese »Walgespräche« in den Jagdgründen wurden von Cynthia d'Vincent erstmals übersetzt.

Der nächste Morgen ist zwar klar, aber eiskalt. Die Seaplay läuft in den Frederick-Sound ein. Cynthia ist wieder auf der Suche nach Walen. Plötzlich ist ein Blas, die Fontäne des Buckelwals, deutlich zu erkennen. Ungefähr eine Dreiviertelstunde bleiben die Riesen unter Wasser und kommen dann zum Lufttanken für etwa fünf Minuten an die Oberfläche. Nur durch ganz spezielle Tricks können die Wale so lange unter Wasser bleiben. Sie nutzen nicht nur den Sauerstoff in ihren Lungen, sondern speichern zusätzlich viel Sauerstoff in den Muskeln. Also genau dort, wo während des Schwimmens viel verbraucht wird. Bei tiefen Tauchgängen wird im Körper alles auf Sparflamme gestellt. Dem Pottwal reicht es sogar, wenn sein Herz während des Tauchgangs nur noch halb so oft schlägt wie an der Wasseroberfläche. Auch wenn die Wale schlafen, wird der Luftverbrauch reduziert. Der Wal schläft an der Wasseroberfläche und atmet nur noch alle drei Minuten. Im wachen Zustand atmet er normalerweise jede Minute einmal ein und aus.

Cynthia beobachtet von ihrem Boot aus, wie ein Fischschwarm von Luftblasen eingekesselt wird. Die Fischer mit dem ungewöhnlichen Netz sind drei Buckelwale. Gemeinsam macht ihnen das Fischen offenbar mehr Spaß, außerdem ist es wesentlich effektiver. Und schließlich schwimmt auch noch Krill unter der Wasseroberfläche. Bei diesem Anblick knurrt jedem Wal sofort der Magen. Die Schwärme von Kleinkrebsen sind Vorspeise, Hauptspeise und Dessert – eben die Leib- und Magenspeise. Da wird auch gleich das Blubbernetz ausgelegt. An der Oberfläche wird der Blasenring sichtbar. Der Krill- oder Heringsschwarm ist eingekesselt, die Beute wird wie mit einer Kelle abgeschöpft. 450 Barten, das ist ein Sieb aus Hornplatten, befinden sich im Maul eines ausgewachsenen Buckelwals. Das Wasser wird durch die Barten abgedrückt, der Krill bleibt darin hängen.

Nur drei Monate können die Buckelwale an dieser Stelle jagen, dann wird der Frost den Frederick-Sound mit Eis überziehen. Bis dahin heißt es fressen, fressen, fressen. Buckelwale sind erfinderisch. Cynthia beobachtet einen Walbullen, der die Beute in eine Bucht direkt zu seinen Artgenossen treibt, um sie dann gemeinsam abzufischen. Mehr als eine Tonne Krill oder Fisch muß jeder Buckelwal täglich aufnehmen, um sein altes Gewicht vor der großen Wanderung von Hawaii nach Alaska zu erreichen.

Die Jagdstrategien sind seit mehr als zwei Jahrzehnten Cynthias Forschungsthema. Sie hat herausgefunden, daß die Wale miteinander kommunizieren, um gemeinsam zu jagen. Wieder lauscht sie dem Gesang eines Wales. Er fordert seine Gruppe auf, ein Blasennetz zu legen. Nur das männliche Leittier singt, und nur er hat das Recht, als erster im Blasennetz die Beute abzuschöpfen. So ein Blasennetz ist nicht von großer Dauer, also wird in Abständen von 15 Minuten immer wieder ein neues Netz geblubbert. Für Cynthia ein sicheres Zeichen, daß die Beute kein Krill, sondern ein Heringsschwarm ist. Die Walgruppe läßt sich von dem Forschungsboot überhaupt nicht stören. Gleich neben dem Heck wird ordentlich gefischt.

Cynthia d'Vincent will bis zum Anbruch der Dunkelheit mit einem kleinen Beiboot noch einmal den Sound erkunden. Steller-Seelöwen sind erneut aufgetaucht, sie wittern ihre Chance auf Beute. Wieder ist ein

Cynthia d'Vincent beobachtet vom Boot aus, wie die Wale ein Netz aus Luftblasen legen. Wenig später schießen die tonnenschwere Kolosse aus dem Wasser, das riesige Maul voll mit Beute aus ihrem Luftblasen-Netz.

Buckelwal das Ziel der Horde. Gefahr droht den Seelöwen nur von den Orcas oder Schwertwalen. Orcas sind bis zu 50 Stundenkilometer schnell. Sie sind nicht an den Beuteschwärmen der Buckelwale interessiert, sie jagen Robben und auch Haie. Als Gruppe können die Orcas sogar einem einzelnen Buckelwal gefährlich werden. Orcas oder Schwertwale sind, soviel die Wissenschaftler bis heute wissen, die intelligentesten unter den Walen. Gerade deshalb avancierten viele von ihnen zu zweifelhaften Stars in Seeaquarien.

Ein Wal-Weibchen durchstößt mit weit aufgerissenem Maul die Oberfläche. Das Abfischen des Oberflächenkrills in Seitenlage bedeutet für einen Wal eine gewaltige Kraftanstrengung. »Lunchfeeding« – Mittagessen, so simpel bezeichnen die amerikanischen Walforscher diese Technik. Cynthia ist froh, daß sie noch einige Aufnahmen von den Walen machen kann. An der Seite des Wal-Weibchens taucht ein Wal-Baby auf. Buckelwalmütter mit Babys jagen allein. Das hat zwei Gründe: Zum einen könnte das Junge bei der Gruppenjagd von den 40 Tonnen schweren Erwachsenen erdrückt werden, zum anderen wird das Junge von seiner Mutter in der Jagd trainiert. Bis zu zwei Tonnen muß das Weibchen pro Tag fischen, um zu überleben. Zuviel Kraft hat sie beim Säugen des Jungen verloren, das fast ein Jahr in ihrer Obhut bleibt. Der reichgedeckte Mittagstisch hat weitere Wale angelockt. Augenblicke des Glücks für die Walforscherin. Der Walsommer vor Alaska geht zu Ende – für Cynthia bedeutet das Abschied, aber sie ist glücklich, glaubt fest daran, daß das Waljunge und seine Mutter überleben werden.

Herbst in Alaska, das bedeutet auch gleichzeitig Wintereinbruch. Nur kurz ist die Übergangsphase. In den umliegenden Bergen ist während der Nacht Schnee gefallen. Die Seaplay ist auf dem Rückweg nach Juneau. Tosende Wasserfälle, aber auch die ersten Eisfelder und Eisabbrüche begleiten das Schiff. In der Höhe von Tenakae-Springs erreicht die Seaplay freies Wasser, und wieder sind die seltsamen Stimmen zu hören. Bleibt zu hoffen, daß die Buckelwale die Winterquartiere vor Hawaii erreichen werden. Nach wie vor ist der Mensch der gefährlichste Feind der Wale. Jedes Jahr werden immer noch Wale nur deswegen getötet, um sie als Nahrungsmittel oder Köder für Haie und Krabben zu verwenden. Dabei ist gerade der Buckelwal stark gefährdet.

EISBÄRPARTY IN CHURCHILL

Von Diskretion hält der Eisbär nicht besonders viel. Neugierig schnuppert er an allem, was ihm in den Weg kommt. Schließlich weiß man nie, ob sich nicht irgendwo etwas Eßbares versteckt.

Er ist ziemlich laut. Trotzdem bin ich manchmal mit dem Motorschlitten unterwegs – komfortabel und schnell. Die Eisbären in der Arktis nicht – und doch legen sie vor allem auf der Suche nach Nahrung große Strecken zurück. Und jeden Herbst warten am Ufer der kanadischen Hudson Bay hungrige Eisbären darauf, daß die Bucht endlich zufriert.

Arktis! Sofort denkt man an unendliche Eisflächen, an Eisstürme und daran, daß es überhaupt keine Pinguine gibt. Richtig. Die leben an dem anderen Pol. Es gibt viele Menschen, die sich dem Leben in der Arktis verschrieben haben, und das hat nicht nur mit den unendlichen Weiten, sondern auch mit den Eisbären zu tun. Einer von ihnen ist der Wissenschaftler Malcolm Ramsay.

»Ich arbeite seit nunmehr 13 Jahren mit Eisbären. Ich kann mich noch genau an meinen ersten Eisbären erinnern und daran, wie sehr mich die Eleganz seiner Bewegungen und seine majestätische Gestalt beeindruckt haben. Damals ahnte ich allerdings noch nicht, daß ich einmal so lange mit ihnen arbeiten würde.« Malcolm gehört zu den erfahrensten Eisbärspezialisten in der Welt. Es sieht etwas merkwürdig aus, wenn er dick vermummt mit einer Antenne in der Hand auf einer Eisscholle steht. Er versucht natürlich nicht, eine der vielen Talkshows zu empfangen. Malcolm arbeitet mit Hilfe der Telemetrie. Mit der Antenne versucht er, einen der beiden Bären, die er vergangenes Jahr mit einem Sender ausgestattet hat, zu orten. Den männlichen Bären hat er zusätzlich noch mit einem schwarzen Fleck markiert, der allerdings mit der Zeit verblaßt. Gepunktete Eisbären werden nicht als so attraktiv angesehen.

An der Küste der Hudson Bay, im nördlichen Teil Kanadas, ist es endgültig Herbst geworden. Auf dem Festland warten Hunderte von Eisbären seit mehr als drei Monaten darauf, daß sich auf dem Meer Treibeis bildet, um dann entlang der Wasserstellen nach Robben, ihrer einzigen Nahrungsquelle, suchen zu können. Doch bis es soweit ist, müssen sie ohne Nahrung auskommen. Sie machen dann eine unfreiwillige Schlankheitskur.

Jedes Jahr untersucht Malcolm mehr als hundert Eisbären. Er mißt und wiegt sie in regelmäßigen Abständen. Der Hubschrauber ist dabei das sicherste und schnellste Mittel, um die Tiere aufzuspüren und sich ihnen zu nähern.

Steve Miller, von seinen Kollegen hat er den Spitznamen »the Eagle«, Adler, bekommen (klar – er ist der einzige, der fliegen kann), sitzt im Cockpit. Er hat dabei geholfen, mehr als 3000 Eisbären mit dem Hubschrauber einzufangen. Seine Erfahrung ist unbezahlbar. Nun soll er Malcolm helfen, seinen gepunkteten Bären in dieser kalten Eiswüste wiederzufinden.

Während des Fluges entdecken die beiden eine Bärin mit ihrem Jungen. Malcolm hat die Bärin sofort wiedererkannt, und er freut sich, daß sie offenbar ein gesundes

Junges zur Welt gebracht hat. Das Junge muß nur sofort untersucht werden, sicher ist sicher. Jetzt müssen sie die Bärenmutter möglichst schnell betäuben, um ihre Angst vor dem Hubschrauber nicht unnötig zu verlängern.

Stephen, einer von Malcolms Assistenten, bereitet den Betäubungspfeil vor, mit dem er auf die Bärenmutter schießen wird. Zuvor müssen die Tiere aber von den Wasserstellen, die sich durch die Tundra ziehen, vertrieben werden. Denn es besteht die Gefahr, daß der Bär ertrinkt, wenn die Betäubung einsetzt, während er sich noch im Wasser aufhält.

Stephen zielt genau und schießt. Die Bärin ist getroffen. Einige Minuten später beginnt die Betäubung zu wirken, der Galopp der Bärin wird langsamer. Ihr zehn Monate altes Junges weicht nicht von ihrer Seite.

Während der ersten 18 bis 30 Monate sind die beiden unzertrennlich. Das wissen leider auch die Jäger und nutzen es für ihr grausames Geschäft. Um eine Bärin einzufangen, töten sie zunächst ihr Junges.

Von Malcolm und seinem Team hat aber weder das Junge noch die Bärin etwas zu befürchten. Malcolm muß sich allerdings jetzt davon überzeugen, daß die Bärin vollständig ruhiggestellt ist, bevor sie ihr Junges für die Untersuchung betäuben.

Die Bärin ist eingeschlafen, ihr Junges ebenfalls. Sie sind jetzt völlig ungefährlich. Malcolm führt Tests durch, verabreicht Injektionen, mißt und wiegt die Tiere, um ihr Wachstum nachvollziehen zu können. Fünf lange Stunden bei Temperaturen unter Null dauert es, bis er alle Informationen gesammelt hat, die er braucht.

Malcolm stellt fest, daß die Bärin, wie alle anderen Bären auch, nur wenig gefressen hat, seit sie im Sommer aufs Festland kam. Malcolm konzentriert seine Untersuchung vor allem auf die biologischen Folgen einer solch langen Fastenkur. Aber dazu muß er die Bärin wiegen – und das ist einfacher gesagt als getan! Eine Bärin kann bis zu 300 Kilogramm wiegen, und ein großer männlicher Bär sogar das Doppelte. So ein Gewicht hievt man nicht einfach auf eine Personenwaage.

Es werden drei Stangen aufgestellt, die Bärin mit vereinten Kräften in ein starkes Netz gerollt und mit einem Flaschenzug angehoben. Jetzt kann gewogen werden. Seitdem sie vor drei Monaten das letzte Mal gewogen worden ist, hat sie bereits ein Viertel ihres Gewichts verloren.

Sie ist 2,50 Meter groß. Ein männliches Tier kann eine Größe von bis zu drei Metern erreichen. Malcolms Arbeit ist nun fast erledigt. Das Team zieht sich zurück. Die Bären beginnen bereits zu blinzeln. Sie werden bald aufwachen und weiterziehen.

Wenn die Tiere erst einmal auf dem Eis sind, können sie mit der Robbenjagd beginnen, und dann geht es auch dem Jungen besser, das doch etwas zu schwach für sein Alter ist. Es wird wieder genug zu fressen haben. Malcolm ist zufrieden mit seiner Datenausbeute.

»Wir können jetzt die Bärin und ihr Junges beruhigt hier zurücklassen. Sie sind okay. In ein paar Stunden werden sie wieder aufwachen, und ich bin mir sicher, daß wir sie nächstes Jahr wiedersehen werden.«

Die Bären paaren sich im April auf dem Eis. Wenn der Herbst beginnt, gräbt die Bärin eine behelfsmäßige Höhle dort, wo sie sich gerade aufhält. Es ist ihr Platz für die Geburt. Ungefähr im Dezember bringen die Bären-Weibchen gewöhnlich zwei, manchmal aber auch nur ein Junges zur Welt. Während ihrer Zeit in der Höhle stellt sich die Bärin erstaunlich gut auf den Nahrungsmangel ein.

Malcolm und Stephen haben eine von diesen Höhlen entdeckt. Vorsichtig nähern sie sich ihr. Zum Glück ist im Moment keine

Bärin zuhause. Die Höhle ist verlassen. Normalerweise kommen sie im September oder Oktober und ziehen nicht vor März weiter. Insgesamt sechs Monate verbringen die Eisbären in der Höhle, ohne Nahrung, ohne Wasser, und bringen ihre Jungen zur Welt. Malcolm ist beeindruckt von diesem Verhalten der Eisbären: »Eine absolut extreme Anforderung an den Stoffwechsel der Tiere.«

Malcolm hat sein Labor in einem Hangar des Forschungszentrums von Churchill eingerichtet. Not macht erfinderisch. Sein Team untersucht in diesem provisorischen Labor nur einige der gesammelten Proben. Den Rest schicken sie zur Universität von Saskatchewan. Jede Stunde, die die Wissenschaftler auf dem Eis verbringen, bedeutet zusätzlich circa fünf bis zehn Stunden Arbeit im Labor. Daher dauern Malcolms Arbeitstage oft bis tief in die Nacht. Jeden Tag lernt er etwas mehr über die Eisbären und hofft, dieses Wissen irgendwann in den Dienst der Bären und der Menschen stellen zu können.

»Diese Bären ernähren sich monatelang nur von Meerespflanzen. Davon könnten Menschen mit einem Nierenleiden profitieren.« Malcolm untersucht speziell den Harnstoffzyklus dieser Tiere. Dadurch könnte eines Tages ein System entwickelt werden, das die Dialyse ersetzt, womit Millionen von Menschen geholfen wäre.

Obwohl die Tiere der Menschheit also sehr nützlich sein können, tauchen dennoch immer wieder Probleme auf. Jedes Jahr im Herbst strömen Hunderte von Eisbären ins Gebiet um Churchill und auf das umliegende Treibeis. Dieser kleine Hafen mit seinen hundert Einwohnern hat dann die weltweit größte Eisbärpopulation bei sich zu Gast. Es ist geradezu eine Eisbärparty in Churchill.

Die Ankunft von Hunderten der größten Fleischfresser unseres Planeten ist allerdings nicht auf die leichte Schulter zu nehmen. Obwohl sich die Eisbären den Menschen gegenüber nicht unbedingt aggressiv verhalten, sind sie potentiell gefährlich. Leider ist eine Attraktion der Bärenparty die Müllkippe von Churchill. Bären kennen keinen Müll, und wenn es auf den Halden nach Fleisch riecht, läuft den Bären sozusagen das Wasser im Mund zusammen. Sie zu stören ist gefährlich. 1987 zerfleischte ein Eisbär einem amerikanischen Fotografen den Arm.

Um die Sicherheit sowohl der Menschen als auch der Eisbären zu gewährleisten, setzen die örtlichen Behörden Patrouillen ein, die die ausgehungerten Tiere einfangen, wenn sie sich der Stadt nähern.

Zwei von Malcolms Bären wurden eingefangen und von der Bärenpatrouille zum Bärengehege gebracht. Der Wissenschaftler nutzt die Gelegenheit für seine Routineuntersuchungen, bevor sie wieder freigelassen werden.

Sobald Malcolm und sein Team mit ihrer Arbeit fertig sind, lassen sie die Bären weit entfernt von der Stadt, wo sie keine Bedrohung mehr darstellen, wieder frei. Steves Hubschrauber dient jedesmal als Transportmittel zwischen Churchill und dem endgültigen Bestimmungsort der Bären. Sie werden in einer Segeltuchplane unter den Hubschrauber gehängt, und ab geht's. Eisbär per Luftpost.

Malcolm und Steve »the Eagle« arbeiten schon seit Jahren zusammen. Sie treffen sich oft, um zu besprechen, was sie am nächsten Tag tun werden, oder sie reden über ihre Liebe zur Arktis und den Bären.

»Hier bin ich einfach am liebsten«, sagt Steve ganz schlicht. Malcolm nickt.

»Die Arktis ist einfach wunderschön. Es ist großartig, und manchmal passieren sogar lustige Sachen. Wir sind zwar Wissenschaftler und keine Träumer, aber trotzdem ist die Arktis und die Arbeit mit diesen Tieren für mich voller natürlicher Schönheit und wohltuend für mein ästhetisches

»Ich habe enorme Achtung vor den Bären. Ich kann sie in der Wildnis beobachten, und dann frage ich mich, warum tun sie das, was ich gerade beobachte? Sie sind jedenfalls ganz sicher keine mordenden Monster«, so der Wissenschaftler und Eisbärenspezialist Malcolm Ramsay.

Empfinden. Ja, die Arktis ist wirklich ein ganz besonderer Ort.«

Steve hat zugehört und dabei über die weiten weißen Eisflächen gesehen. Er macht sich ebenfalls Gedanken über die Tiere, die in dieser weißen Wildnis leben.

»Ich habe enorme Achtung vor den Bären, denn ich kann mir den Luxus erlauben, viel über sie nachzudenken. Ich glaube, das Nachdenken über sie ist für mich das Interessanteste. Ich kann sie in der Wildnis beobachten und mich fragen, warum tun sie das, was ist hier los? Warum tun sie ausgerechnet das, was ich gerade beobachte?«

Für Malcom als Wissenschaftler kommt noch etwas anderes hinzu: »Und es ist natürlich ein Luxus, zuhause über diese Frage nachdenken zu können, um dann erneut hinauszugehen und die daraus resultierenden Theorien zu überprüfen. Auf jeden Fall habe ich so gelernt, wie komplex Bären doch sind. Sie sind ganz sicher nicht die mordenden Monster, für die sie viele halten und für die auch ich sie hielt, als ich zum ersten Mal mit ihnen arbeitete.«

Eines hat Malcolm noch nicht geschafft. Seinen Eisbären mit dem schwarzen Punkt einzufangen, den er bereits mit der Antenne verfolgt hatte. Die Bärin mit ihrem Jungen war sozusagen dazwischengekommen. Aber gerade jetzt hat er erfahren, daß sich der Bär in der Nähe eines provisorischen Forschungscamps in der Gegend aufhalten soll. Trotz der schlechten Wetterbedingungen will Malcolm aufbrechen. Er will mit dem Geländefahrzeug zum Camp fahren, den Bären mit Hilfe des Senders ausfindig machen und ihn, wenn möglich, vom Fahrzeug aus betäuben.

Nach einer gefahrvollen Fahrt durch den Eissturm erreicht Malcolm nach mehreren Stunden das Camp. Der Sturm hat sich schließlich gelegt. Malcolm und seine Assistentin Susan machen sich sofort auf die Suche nach »ihrem Pünktchen«.

Mehrere Bären haben die im Camp gelagerte Nahrung gerochen und streunen herum. Schon eine einzige falsche Bewegung kann verheerende Folgen haben. Schließlich entdecken sie den markierten Bären in einiger Entfernung. Während sie mit ihrem Geländefahrzeug näher heranfahren, notiert Malcolm seine Beobachtungen. Die Bären kommen ganz dicht an das Fahrzeug. Es gibt hier weder Raubtiere noch Jäger, so daß sie eigentlich nichts zu befürchten haben. Trotz seiner ruhigen und plumpen Art kann der Eisbär ungewöhnlich schnell und gefährlich sein. Malcolm und Susan sind deshalb äußerst vorsichtig.

Im Moment streifen nur Bären-Männchen an der Küste der Hudson Bay herum. Die Weibchen ziehen es vor, sich weiter landeinwärts aufzuhalten. Die Bären paaren sich nur im Frühling. Außerhalb der Paarungszeit verhalten sich die männlichen Bären feindlich gegenüber den Weibchen und ihren Jungen. Aber zur Zeit balgen sich zwei junge Eisbär-Männchen gleich neben dem Geländefahrzeug von Malcolm. Mit den Tatzen versuchen sie sich zu ohrfeigen – so sieht es jedenfalls aus. Die beiden Wissenschaftler in ihrem Fahrzeug kommentieren das Verhalten:

»Es sieht aus wie ein handfester Kampf. Tatsächlich ist es nur ein Spiel. Gleichzeitig hat dieses Spiel auch eine ernste Funktion: Die Männchen lernen, ihre Kraft im Vergleich mit Bären der gleichen Größe richtig einzuschätzen. Im Frühling, während der Paarungszeit, sind diese Kämpfe kein Spiel mehr, sondern werden bitterernst geführt. Dabei werden Tiere nicht selten verletzt, manche sogar getötet.«

Auf dem Eis haben die Eisbären keine Feinde, ausgenommen die eigenen Artgenossen, die ihnen ständig die Territorien streitig machen wollen. Deshalb müssen sie mit jedem Bären, dem sie auf dem Eis begegnen, erst einmal kämpfen.

Ohne Betäubung kann sich Malcolm leider nicht seinem Bären nähern, um ihn erneut zu untersuchen. Also richtet er aus dem Geländefahrzeug das Spezialgewehr mit der Betäubungsspritze auf ihn.

Malcolm ist besorgt. Bislang hat er noch nie unter solchen Bedingungen gearbeitet. Der Bär könnte sich bedroht fühlen und zum Gegenangriff übergehen. Ein Sprung würde genügen ...

Ein Schuß. Die Spritze hat den Bär getroffen. Er sinkt auf das Eis. Malcolm will diese neue Untersuchung nutzen, um etwas über die Auswirkungen der Umweltverschmutzung auf die Bären zu erfahren.

»Die Arktis ist ein sehr schöner, noch relativ unverdorbener Ort, aber wir wissen, daß die vom Menschen produzierten Schadstoffe in der Luft sich in diesem Ökosystem bemerkbar machen. Sie lassen sich insbesondere im Gewebe der Bären nachweisen, also am Ende der Nahrungskette, wo es zu einer Anreicherung dieser chemischen Verbindungen kommt. Bei einigen Eisbärpopulationen sind sie besorgniserregend hoch, und wir glauben, daß ihre Fortpflanzungsfähigkeit dadurch beeinträchtigt wird.«

Auch ein anderes Phänomen, die Erwärmung der Erdatmosphäre, wirkt sich direkt auf die Zukunft der Eisbären aus. Als Folge der Zunahme der Treibhausgase in unserer Atmosphäre könnte das Eis jeden Sommer weiter zurückweichen. Das sind keine guten Ausrichten für die Eisbären, die auf dem Treibeis leben und dort den größten Teil ihrer Nahrung finden. Das Verschwinden des Treibeises könnte für die Bären das Ende bedeuten. Heute gibt es noch ungefähr 20 000 bis 30 000 Eisbären.

Diese Tiere bedeuten Malcolm sehr viel, und er hat noch eine Menge Arbeit vor sich. Er blickt ein letztes Mal in die Weite, auf das Treibeis, auf dem sich die Eisbären in der arktischen Nacht verlieren.

Nur nicht zuviel bewegen. Die Eisbären beherrschen das Energiesparprogramm. Wo es in der Schneewüste wenig Nahrung gibt, kommt es auf die eigenen Fettreserven an.

DIE WALD-ELEFANTEN VON DZANGA-BAI

»Da ist Old Left – er hat nur noch den linken Stoßzahn.« Andrea Turkalo zeigt ihre Videoaufzeichnungen. Sie weiß, daß sie nicht ewig im tropischen Regenwald Afrikas bleiben kann. Irgendwann müssen die Pygmäen die Elefanten schützen.

Um kurz nach fünf erwacht der Tag im Regenwald der Zentralafrikanischen Republik. Für Andrea Turkalo beginnt ein neuer Arbeitstag in ihrem Freiluftbüro – auf der Lichtung Dzanga-Bai. Die tropischen Regenwälder sind Heimat der scheuen Waldelefanten, über deren Leben noch nicht viel bekannt ist. Sie verbringen die meiste Zeit in den dichten Wäldern. Raus kommen sie nur selten. Und es kann vorkommen, daß man vielleicht fünf Meter neben ihnen steht und sie in dem dichten Dschungel nicht sieht. Versteckspiel auf afrikanisch. Andrea Turkalo kennt das Spiel und hat in jahrelanger Kleinarbeit schon rund 2000 Tiere identifiziert. Die 44jährige Biologin ist eine der wenigen, die sich in diesen entlegenen Wald gewagt haben.

Schmale Wege durchziehen den tropischen Urwald wie ein dichtes Spinnennetz: Elefantenpfade. Zum Glück sind Angriffe selten, aber sollte plötzlich einer der Dickhäuter durch das dichte Unterholz brechen, wäre eine Flucht auf den engen Wegen ziemlich schwierig. Gerade die Elefantenkühe sind ein wenig streitlustig. Sie greifen an, wenn sie sich durch einen Menschen bedroht fühlen. Deshalb ist Andrea Turkalo auch selten allein unterwegs. Mal über trockene, mal über schlammige Wege stapft sie durch den Wald. Seit mehr als sechs Jahren Tag für Tag der gleiche anstrengende Marsch. Ihr Ziel ist die Lichtung mitten im Regenwald.

Bis zu fünf Kilometer legen Waldelefanten täglich im Dschungel zurück. Ihr Revier ist ziemlich groß: Sie beanspruchen bis zu 200 Quadratkilometer. Aber im dichten Wald sind die Dickhäuter kaum auszumachen. Hier kann man keine vier Meter weit sehen. Ein Elefant ist ja nicht gerade klein, aber in diesem tropischen Regenwald dennoch schwer zu entdecken. Lange Zeit waren sie sogar eine Legende, und es hält sich bis heute das Gerücht vom »Mokele-Mbembe«, einem Saurier in diesen Wäldern: Loch Ness auf afrikanisch.

Wenn sich die Elefanten aus dem Schutz der Bäume trauen, dann zu einer Lichtung mit Wasser. Und genau an dieser Stelle hat Andrea Turkalo ihren Beobachtungsposten. Sie hat sich wie ein Jäger im deutschen Wald einen Hochsitz gebaut. Spätnachmittags kommen die meisten Tiere auf die Lichtung. Dzanga-Bai wird dieser Ort von den Einheimischen genannt, und das ist nicht irgendein mystischer Ausdruck, sondern heißt ganz schlicht: große Lichtung. Aber es ist eben *die* große Lichtung, sie ist in ganz Afrika einzigartig. An die Frau auf dem Hochsitz haben sich die Tiere gewöhnt. Andrea Turkalo bleibt auf Distanz. Sie will die Elefanten weder verschrecken, noch an sich gewöhnen.

Waldelefanten gleichen nur auf dem ersten Blick ihren Artgenossen aus der Savanne. Sie sind wesentlich kleiner und erreichen nur eine Schulterhöhe von maximal 2,50 Meter. Ihre Ohren sind runder, weshalb sie manchmal auch Rundohrelefanten genannt werden. In kleinen Gruppen, meist Familien von drei bis sechs Tieren, kommen sie nach und nach auf die Lichtung.

Der furchterregende Saurier Mokele-Mbembe im Matsch. Als die Wissenschaftler dem Sauriergerücht nachgingen, fanden sie kleine Waldelefanten.

Mit dem Rüssel, diesem Wunderding aus Oberlippe und Nase, saugt ein Elefant bis zu zehn Liter in einem Zug auf. Und wer ist schon so komfortabel ausgerüstet, daß er permanent seine eigene Dusche dabei hat? Der Rüssel ist ein Allzweckinstrument. Er ist Schnorchel, Sauger und Schlagstock.

Der Boden enthält viele Mineralien, die die Tiere dringend brauchen. Das salzhaltige Wasser ist für Waldelefanten eine Art Gesundheits-Cocktail und die Lichtung somit die Dschungel-Bar.

Wo ein Wasserloch ist, können Büffel nicht weit sein. Auch sie zieht es an diesen Ort. Sie sind allerdings angriffslustig und gefährlich. Aber so leicht überlassen Elefanten ihre Wasserlöcher nicht den anderen Waldbewohnern. Ein Elefant ist besonders schlecht auf Büffel zu sprechen und jagt ihn mit lautem Trompeten davon. Obwohl Büffel auch nicht gerade zu den schüchternen Lämmchen zählen.

Andrea kennt die Tiere so gut, daß sie ihnen sogar Namen gegeben hat. »Ich erkenne die Elefanten an ihren Ohren. Sie sind groß und haben viele Narben und Kerben. Man braucht ein wenig Übung, eine gute Ausrüstung und viel Geduld. Von jedem Tier lege ich eine Karteikarte an und notiere alle Beobachtungen. Inzwischen kenne ich die Tiere so gut, daß ich sie sofort erkenne – als ob eine Person den Raum betreten würde.« Andrea sieht hoch, macht sich wieder einige Notizen und sichtet plötzlich einen alten Bekannten auf der Lichtung.

»Da ist Old Left – er hat nur noch den linken Stoßzahn. Er ist ungefähr 15 bis 16 Jahre alt. Ausgewachsene Bullen sind Einzelgänger, anders als Savannenelefanten. Nur in der kurzen Paarungszeit suchen sie sich

Innerhalb der vergangenen zehn Jahre verschwand die Hälfte aller Waldelefanten. Ihr Lebensraum wird immer kleiner, und sie werden gejagt – wegen ihrer Stoßzähne. Elfenbein ist immer noch begehrt. Um an das »Weiße Gold« zu kommen, wurden die Wasserlöcher von den Wilderern mit Blausäure vergiftet.

ein Weibchen. Aber Old Left habe ich noch nie zusammen mit einer Kuh gesehen. Er ist immer allein. Trotzdem ist er der Bulle, der am häufigsten nach Dzanga kommt. Am Südende der Lichtung sind heute vier Tiere, die ich alle seit fünf Jahren gut kenne. Raissa, die große Kuh, hat drei Junge: ein fast ausgewachsenes und ein jüngeres Weibchen. Und dann ist da noch der Kleine. Dessen Geburt haben ich zwar nicht beobachtet, aber er müßte etwa drei Jahre alt sein.«

Der Kameramann versucht sich langsam an die Lichtung heranzupirschen, um bessere Aufnahmen aus der Nähe zu machen. Aber alle aus der Elefantengruppe sehen plötzlich in Richtung Kamera. Der erhobene Schwanz ist ein sicheres Alarmzeichen. Die Gruppe hat Witterung aufgenommen. Elefanten sind zwar extrem kurzsichtig, können aber um so besser hören und riechen. Wenn Waldelefanten Junge haben, sind die Kühe besonders reizbar und angriffslustig, und der fremde Geruch von Menschen macht Raissa nervös. Sie weiß offenbar nicht genau, was sie davon halten soll. Sie steht nur noch ein paar Meter vor unserem Kameramann. Legt sie jetzt die Ohren an, wird die Situation brenzlig. Und die Schwergewichte sind alles andere als behäbig, sondern mit bis zu 40 Stundenkilometern ziemlich gute Sprinter.

Die Biologin ist jetzt auch dazugekommen und steht hinter unserem Kameramann. Sie bleibt völlig gelassen. Das beste ist jetzt, ruhig stehenzubleiben und die Tiere nicht noch mehr zu verunsichern. Andrea ist bisher erst einmal ernsthaft von einer Kuh angegriffen worden. Eine Nicht-Angriffs-Garantie hat sie allerdings auch nicht. Schließlich ziehen Raissa und ihre Gruppe mit erhobenen Schwänzen ab, bleiben aber auf der Hut.

Das Mißtrauen der Tiere ist mehr als gerechtfertigt. Denn Jahrzehnte schlachteten Wilderer in Afrika ganze Herden ab, um an das Elfenbein zu kommen. Das »Weiße Gold« macht skrupellos. Tausende Elefanten wurden mit automatischen Waffen niedergemetzelt. Mitte der Achtziger waren sie an dieser Stelle so gut wie ausgerottet. 1989 wurde schließlich der Handel mit Elfenbein verboten. Demonstrativ verbrannte Kenia damals zehn Tonnen Stoßzähne. Ein Scheiterhaufen, Symbol tierischen Leids und menschlicher Gier.

Rund um Dzanga schützen heute 40 Ranger die Waldelefanten vor einem ähnlichen Schicksal. Der World Wide Fund for Nature hat die Anti-Wilderer-Brigaden aufgestellt und trainiert. Mit Erfolg. Seit die Wildhüter im Einsatz sind, ist das Töten der Elefanten stark zurückgegangen. Auch Dzanga war nicht immer ein Paradies für die Elefanten. Früher wurden die Tiere einfach auf der Lichtung abgeschossen oder die Wasserlöcher mit Blausäure vergiftet. Allein die Zentralafrikanische Republik exportierte zwischen 1979 und 1991 über 1000 Tonnen Elfenbein. Innerhalb der vergangenen zehn Jahre verschwand die Hälfte aller Waldelefanten. Heute leben vielleicht noch 200 000 Tiere in ganz Afrika.

Und den Tieren wird nicht nur ihr Elfenbein geraubt, sondern auch der Lebensraum. Jahr für Jahr werden 50 Quadratkilometer Regenwald gerodet. Erst seit die 4500 Quadratkilometer großen Schutzgebiete Dzanga-Ndoki und Dzanga-Sangha ins Leben gerufen wurden, hat sich die Situation etwas verbessert.

Doch die Arbeit von Andrea stößt nicht bei allen auf Gegenliebe: »Wenn es das Schutzprojekt und mich hier nicht gäbe, würde bestimmt viel mehr gewildert werden. Das war so, bevor wir kamen, und so wird es sein, wenn wir wieder gehen würden. In den letzten sechs Jahren gab es viele Feindseligkeiten gegen mich, die nur ein Ziel hatten: mich von hier zu vertreiben. Aber ich gehe nicht. Zuviel Zeit und Kraft meines

Die Jungtiere werden von den erwachsenen Tieren auf die Lichtung geleitet. Hier wird ihnen vorgeführt, was man alles mit Rüssel und Wasser anstellen kann.

Lebens habe ich investiert, um einfach so aufzugeben.«

Andrea Turkalo führt ein Leben mitten im Regenwald. Ein Camp aus drei Hütten – ohne großen Komfort und Luxus. Pygmäen vom Volk der Bayaka sind ihre einzigen Helfer. Der Alltag im Dschungel ist zwar ein wenig romantisch wie im Film »Jenseits von Afrika«, aber die Gefahren sind echt. Einmal überfielen Wilderer das Camp. Und manchmal kommen die Elefanten nachts bis in das Lager.

Auch die moderne Dschungelfrau von heute, wenn sie zudem noch Biologin ist, kommt nicht ohne Computer aus. Die Daten von mehr als 3000 Elefanten wandern nicht auf Bananenblätter, sondern auf Festplatte. Das alles kostet natürlich auch Geld. Andreas Forschung wird aus den USA finanziert, weil dort erkannt wurde, wie wichtig die Arbeit der Biologin ist. Ihre Ergebnisse helfen dem Naturschutz vor Ort und tragen dazu bei, das Leben der Elefanten besser zu verstehen. Beispielsweise wenn sie sich von oben bis unten mit Schlamm und Staub bewerfen: »Sie tun das, um sich vor Zecken zu schützen. Der Lehm bildet eine Barriere zwischen ihrer gar nicht so dicken Haut und dem Ungeziefer.«

Andrea sitzt wieder hoch oben über der Lichtung, und sie weiß fast von jedem Tier, das durch die Pfützen stapft, eine Geschichte zu erzählen: »Der kleine Bulle mit den langen Stoßzähnen im Vordergrund wurde lange Zeit für eine Art Zwerg-Elefant gehalten. Aber ich kenne seine Mutter Echo gut. Und sie ist nicht so klein. Weenok, der kleine Bulle, ist jetzt in dem Alter, in dem er sich

Sind Büffel in der Nähe, ist mit den kleinen Waldelefanten nicht zu spaßen. Mit wildem Trompeten stürmen sie auf die Büffel zu. Sie machen eindeutig klar, wem die Lichtung gehört.

von seiner Gruppe trennt, um eigene Wege zu gehen. Nur noch ab und zu trifft er seine Familie.«

Elefantenforscherin zu sein ist ein aufregender, aber einsamer Job. Trotz der Hilfe der Bayaka. »Als ich hierher kam, haben mich die Bayaka bestimmt nicht verstanden. Ich bin mir nicht mal sicher, ob sie es jetzt tun. Aber sie kennen mich und mein Leben und wissen, daß ich die Elefanten gut kenne. Manchmal unterhalten wir uns über die Tiere. Doch sie sind nie zur Schule gegangen, haben keine Ahnung, was Wissenschaft ist, wie man Fragen stellt oder Probleme löst. Ihr Leben ist einfach. Sie sind glücklich, wenn sie etwas zu Essen haben. Wie soll ich ihnen erklären, daß ich hier sitze und Populationsdynamiken untersuche. Das ist viel zu abstrakt.«

Mit der anbrechenden Nacht kommt für Andrea auch manchmal die Einsamkeit: »Ich lebe schon ziemlich isoliert. Die Post ist nicht gut, es gibt kein Telefon, nur das Funkgerät, und da gibt es keine Privatsphäre. Trotzdem vermisse ich nicht viel. Bis auf meine Familie und Freunde. Das wird hier draußen sehr wichtig.« Es wird dunkel, Andrea macht noch ein paar Notizen in ihrem Computer. Sie wirkt müde.

Am nächsten Morgen brechen Andrea und ihre Fährtensucher früh auf. Ihr Ziel ist ein abgelegenes Waldgebiet. Plötzlich stoßen sie auf ganz andere Spuren. Mitten auf dem alten Elefantenpfad finden sie ein Jagdlager der Pygmäen. Eine Mulde mit Blättern, die zum Auffangen des Regenwassers dient. Doch die Hütten sind schon seit mindestens zwei Wochen verlassen. Die Bayaka erzäh-

len, daß es sich um einen alten Zeremonienplatz der Pygmäen handelt. Als Warnung beschließt Andrea, die Hütten zu zerstören. Es ist schwer zu sagen, ob an dieser Stelle Wilderer lagerten oder Pygmäen auf traditionelle Weise jagten, was erlaubt ist.

Nicht weit von diesem Lager ist lautes Geschrei zu hören, das in rhythmischen Gesang übergeht. Dazwischen erklingt immer wieder lautes Jodeln, mit dem sich die Bayaka seit jeher im Wald verständigen. Es ist ein sicheres Zeichen, daß eine Gruppe auf dem Weg zur Netz-Jagd ist. »Herrscher des Waldes« nennen sich die Pygmäen selbst. Aber – sie nutzen den Regenwald, ohne ihm zu schaden. Sie bewegen sich in dem dichten Wald unglaublich schnell und geschickt.

Die Bayaka sind noch immer – wie vor Jahrhunderten – Jäger und Sammler. Nach dem Ende der Regenzeit gehen die Gruppen

Elefanten und Pygmäen haben den gleichen Lebensraum und das gleiche Problem: Wird der Regenwald vernichtet, haben sie keinen Lebensraum mehr.

gemeinsam auf Jagd. Die einen halben Meter hohen, aus einer speziellen Rinde geknüpften Netze werden zwischen den Bäumen in einem Kreis aufgespannt. Der Durchmesser beträgt etwa 50 Meter. Jeder hilft jedem. In wenigen Minuten ist das Netz aufgebaut. Dann werden die Tiere im Inneren des Kreises aufgescheucht und in die Netze getrieben. Eine erfolgreiche Jagd wird spontan gefeiert. Mit dem Tanz wird der mächtige Waldgeist Zengi um Vergebung für das Töten eines seiner Geschöpfe gebeten und ihm gleichzeitig für das Fleisch gedankt.

An Ort und Stelle wird die Beute zerteilt. Das Fleisch wird geschickt in Palmblättern verpackt, den »Einkaufstüten« des Regenwaldes. Am Ende geht keiner leer aus. Die Bayaka wissen, daß sie aufeinander angewiesen sind. Und nur als Gemeinschaft können sie im Regenwald überleben.

Die Jagd ist für Pygmäen eine Mischung aus Fest und Notwendigkeit und zusammen mit Gesang und Tanz wesentlicher Bestandteil ihrer Kultur. Doch das Wissen um das Leben und Überleben im Wald – zum Beispiel in welchen Lianen Wasser zu finden ist – droht langsam verloren zu gehen. Die Bayaka leben zwischen den Welten. Nicht mehr ganz im Wald und noch nicht Teil der neuen Zeit.

Elefanten und Pygmäen haben den gleichen Lebensraum und das gleiche Problem: Wird der Regenwald vernichtet, haben sie keinen Lebensraum mehr. Solange es Menschen wie die Biologin Andrea Turkalo gibt, besteht Hoffnung.

»Es wäre schön, von diesen Tieren akzeptiert zu werden und einfach zwischen ihnen umhergehen zu können. Vielleicht erkennen sie ja, was ich mache. Ich habe einen großen Teil meines Lebens hier verbracht. Und vielleicht spüren sie, daß ich ein Mensch bin, der sie nicht ausnutzt und von ihnen profitiert, sondern sie als das respektiert, was sie sind: wilde Tiere.«

Überall in den Regenwäldern Zentralafrikas übertönt das Kreischen der Motorsägen die Trompetenrufe der Elefanten. Wenn der Regenwald schrumpft, wird nicht nur der Lebensraum für die wilden Tiere kleiner, sondern auch eine Quelle des Lebens, die alle brauchen. Auch die Menschen.

DAKTARI IN NAMIBIA

Farmerfamilie van der Merwe kümmert sich um die bedrohten Tiere im Buschland Namibias.
Trotz der vielen Löwen, Affen und Geparden klappt das Zusammenleben von Mensch und Tier auf der Farm. Mariet van der Merwe und ihr Mann haben bereits einen 14-Stunden-Tag hinter sich, doch man merkt es ihnen nicht an. Tiere zu pflegen ist für sie mehr als nur eine Beschäftigung.

Der Rand der Kalahari, im Osten Namibias: Das Land ist trocken. Das ist kein Wunder, denn manchmal fällt jahrelang kein Regen. Und – wenn man Löwe ist, bewegt man sich in dieser heißen Landschaft immer schön langsam.

Am Rand der Kalahri gibt es einen Zaun, den viele Tiere kennen. Sie wissen, daß dieser Zaun nicht ihre Freiheit einschränkt. Für manches Tier ist das Terrain hinter dem Zaun die letzte Rettung. Hier wohnt der Daktari von Namibia. Es ist die Farm von Nick und Mariet van der Merwe.

Wer als Vierbeiner bis hierher gekommen ist, hat es geschafft, fühlt sich im wahrsten Sinne des Wortes tierisch wohl. Denn nicht nur Nick und Mariet, alle Mitarbeiter der Farm kümmern sich um die Tiere. Daß auf der Farm oft ein Topf mit Wasser herumsteht, ist ein Luxus am Rande der Wüste und gar nicht affig. Aber für manchen Affen kaum zu glauben.

Plötzlich stürzt sich eine Löwin auf Nick. Der fällt sofort zu Boden und versucht verzweifelt, sich zu wehren. Die Löwin schnappt nach den Armen. Das ist Morgengymnastik à la van der Merwe. Die Gefahr hält sich bei dem Balgen in Grenzen. Die Löwin Elsa ist eigentlich der dicke Wachhund auf der Farm. Wenn Elsa mit einem Eindringling so spielen würde, sähe das anders aus. Die Löwin kam schon als Baby auf die Farm und ist einfach geblieben. Nick ist ihr bester Freund geworden. Die Liebe zu den Tieren hat die Familie van der Merwe dazu gebracht, auch kranke und verletzte Tiere aufzunehmen. Mittlerweile hat sich das herumgesprochen, und aus ganz Namibia werden dem Daktari die Tiere gebracht.

Außerhalb der Farm ist das Leben gefährlich. Vor allem für Geparden. Scalk, der Sohn vom Daktari, hat gehört, daß im Busch ein Gepard in eine Falle geraten ist. Sofort steigt er in seinen Jeep. Stundenlang fährt er auf der Suche durch den Busch. Er weiß, daß die Schaffarmer die grazilen Raubtiere hassen. Geparden reißen die Schafe, weil sie nur frisch geschlagene Beute zu sich nehmen. Den Rest lassen sie liegen.

Ursprünglich war der Gepard über ganz Afrika verbreitet. Aber er wurde immer weiter zurückgedrängt, fast ausgerottet, und hat sich heute nach Ost- und Südwestafrika zurückgezogen. Bereits die Sumerer und Ägypter hielten sich Geparden als Jagdbegleiter. Sie können sehr zahm werden, obwohl sie in freier Wildbahn dem Menschen immer ausweichen.

Scalk hat den Schaffarmer ausgemacht, der den Gepard gefangen hat. Das Tier hockt völlig verängstigt in geduckter Haltung in einem Drahtkäfig. Daneben steht der Schaffarmer, der das Tier nicht gerade freundlich ansieht. Scalk van der Merwe will versuchen, den Geparden freizukaufen, sonst ist sein Schicksal besiegelt.

»Für eintausend Dollar kannst du das Biest haben, sonst mache ich Hackfleisch aus der Bestie.«

Gemeint sind namibische Dollar, und das sind umgerechnet etwa 350 Mark. Aus Erfahrung weiß Scalk, daß Preisverhandlungen nicht möglich sind. Er zahlt und rettet so das Leben des Geparden. Es gibt Farmer, die bis zu 40 Geparden im Jahr fangen. Wenn sie freigekauft werden, ist das ein gutes Nebengeschäft für die Farmer, und wenn nicht, verringern sie durch das Töten der Raubkatze die Gefahr, daß ihre Schafe gerissen werden. Also – der Farmer gewinnt immer, wenn er einen Geparden fängt.

Der Farmer hilft Scalk noch, den fauchenden Geparden mitsamt Käfig auf die Ladefläche des Jeeps zu hieven. Das Tier weiß es noch nicht, aber es hat Glück gehabt. Erstaunlich ruhig nimmt die Katze den Transport zur Farm hin. Das Leben des Geparden ist erst einmal gerettet, für die van der Merwes bedeutet es aber wieder neue Kosten für Futter und Tiermedizin. Manchmal kommen Touristen auf die Farm, und die helfen dann ein bißchen bei der Finanzierung der Tierliebe.

Der Gepard sollte so schnell wie möglich zurück in die Freiheit entlassen werden. Aber wo? Das ist das große Problem, denn auch in Namibia gibt es für Großkatzen kaum noch Freiräume. Geparden sind die schnellsten Landsäugetiere, bei der Jagd erreichen sie ohne weiteres Spitzengeschwindigkeiten von 100 Stundenkilometern. Trotzdem ist die Gefahr, daß sie getötet werden, sehr groß. Einer Gewehrkugel können sie nicht davonrennen.

Viel zu schnell und viel zu hektisch findet Luise die Katzentiere. Immer mit der Ruhe, vor allem bei der Hitze. Schildkröte ist eben Schildkröte, auch wenn sie Leopardenschildkröte heißt. Der Name ist sozusagen ein Etikettenschwindel. Gerade versucht ein Galan, Luise zu beklettern. Nicht einfach, denn Luise hat einen hohen Panzer, und das Männchen ist leider etwas kleiner. Die Liebe kann schon gehörig viel Arbeit machen. Und erst das Eierlegen, würde Luise ihm wahrscheinlich entgegnen. Er kriegt von der Liebe nicht genug. Sie hat nachher die Arbeit mit dem Zubuddeln des Eiernestes. Glücklicherweise braucht sie es nicht auch noch auszubrüten. Dafür sorgt die Sonne Namibias.

Auch in Namibia werden Schildkröten von Menschen gegessen. Deshalb sind große, ausgewachsene Exemplare kaum noch zu beobachten. Mitarbeiter der Farm setzen die geschlüpften Schildkröten immer wieder in einigermaßen unzugänglichem Gelände aus. Die Jungtiere versuchen sofort in Deckung zu gehen, da sie mit ihren weichen Panzern noch eine leichte Beute für Räuber sind. Nicht nur für Menschen.

Außer dem von Scalk freigekauften Geparden tollen noch zwei Jungtiere auf der Farm des Daktari. Mariet van der Merwe hat Medikamente in kleinen Fleischstückchen versteckt. Erst dann bekommen die jungen Geparden ihre Fleischration für den Tag. Die Medikamente sind Aufbaupräparate. Die Mutter der beiden Kleinen wurde gefangen

Das kleine Bärenpavian-Baby wurde von seiner Mutter getrennt. In der Station wird es wieder aufgepäppelt, bevor es in die Freiheit entlassen wird. Natürlich ohne Windeln.

Außerhalb der Farm lauern viele Gefahren auf kleine Geparden. Vor allem Schaffarmer sind nicht gut auf die Raubkatzen zu sprechen. Ursprünglich war der Gepard über ganz Afrika verbreitet. Aber er wurde immer weiter zurückgedrängt, fast ausgerottet und hat sich heute nach Ost- und Südwestafrika zurückgezogen.

und erschlagen. Als Babys kamen sie schließlich in menschliche Hand. Leider wurden sie falsch ernährt. Jetzt haben sie erhebliche Probleme mit den Hüftgelenken. Doch nach wenigen Wochen bei den van der Merwes hat sich der Zustand schon wesentlich gebessert.

Beta, die Buschmannfrau, gehört zum Team der Tierpfleger, ist aber auch im Haus Mädchen für alles. Auf der Farm sind 30 schwarze Angestellte, die für die Tiere und den Garten zuständig sind. Beta hat ordentlich Arbeit, wenn alle jungen Tiere ihr Frühstück haben wollen – natürlich gleichzeitig.

Ab und zu geht es auf der Farm ganz schön affig zu. Kleine Bärenpaviane springen herum, sie tragen Windeln. Eine menschliche Angewohnheit. Natürlich tragen die Affen aber nur die Marke, wo hinten auch der Schwanz rausgucken kann. Gibt's dazu noch leckere Milch, kann man getrost den Schnuller beiseite lassen. Ein junger Gepard schleicht sich etwas unbeholfen an die jungen Bärenpaviane heran. Gleich fletscht ein kleiner Affe die Zähne. »Laß meinen Bruder in Ruhe«, soll das offenbar heißen. Dabei sucht der junge Gepard doch nur einen Spielkameraden.

Die drei jungen Bärenpaviane, Karin, Sammy und Paulchen, stammen aus der Gegend um Windhoek. Ihre Sippe hat den internationalen Flughafen unsicher gemacht. Mit Wasserwerfern wurde die Horde von der Rollbahn gespritzt. Die Mütter ließen vor Schreck ihre Babys zurück. Und wo sind sie schließlich gelandet? Natürlich auf der Farm des Daktari. Die van der Merwes versuchen, ihre Tiere möglichst artgerecht unterzubringen. So ist das Gehege der Bärenpaviane einen ganzen Hektar groß. Bärenpaviane sind besonders intelligente und wehrhafte Tiere. In der Gruppe können sie sogar einen Leoparden in die Flucht schlagen.

Jeder Mitarbeiter der Farm kümmert sich um ein anderes Tier. Michael ist zuständig für die Grünmeerkatzen, Erdhörnchen und Erdmännchen. Sie müssen tagsüber in einen großen Käfig, damit sie im Haus keinen Unsinn machen. Die Buschmannfrau Beta nimmt die Sache mit der Sauberkeit jetzt in die Hand, und da kennt sie kein Pardon. Auch Affen müssen auf der Farm gepflegt aussehen. Schreien, Quietschen oder Betteln hilft da gar nichts.

Kater Moritz legt sich unter einen schattigen Baum und versteht die ganze Hektik mal wieder überhaupt nicht. Das Paviankind Karin sucht Schutz. Blitzschnell klammert es sich an das Gepardenjunge. So würde sie es bei Gefahr auch bei der Mutter tun. Allerdings nicht bei einem Geparden. Und auch das Gepardenjunge ist nicht so begeistert davon, daß es einen kleinen Pavian mit Windeln an seinem Bauch kleben hat. Pavian Karin ist aber zufrieden – Fell ist Fell.

Brüderchen Sammy hat das Sauberkeitsritual fast hinter sich. Trotzdem hält sich die Begeisterung in Grenzen. Karin drückt sich immer noch an den Geparden. Und Dackel Lulu denkt offenbar genauso wie Kater Moritz: Er versteht die Welt nicht mehr.

Buschmann Johannes kennt die Wickelprobleme nicht. Er ist Herr der Streifenmangusten. Das ist allerdings auch nicht gerade ein leichter Job. Die gewitzten Kerlchen sind schlimmer als ein Sack Flöhe. Nur in einer Situation geben sie Ruhe, und zwar wenn die Sonne morgens die Steine erwärmt hat und sich alle Mangusten zu einem ersten Sonnenbad hinlegen. Sie lieben ein Sonnenbad mit ihrer Großfamilie. Und nur dann hat Johannes ein bißchen weniger Streß.

Gleich nebenan hinter dem Zaun der quirligen Mangusten ist gerade Fütterung der Löwenbabys. Fünf an der Zahl, im Alter von drei Wochen bis zu drei Monaten, und alle von verschiedenen Müttern. Löwen-

babys haben ständig einen Löwenhunger, und mit jedem weiteren Tag wächst auch ihr Appetit, und so müssen die Flaschen immer größer werden. Milch ist für die Löwen etwas ganz Besonderes. Wenn Junglöwen nicht gerade schlafen oder trinken, dann spielen sie, wie alle Katzen in dem Alter. Dackel Lulu will da mithalten und rempelt die kleinen Löwenjungen an, die jetzt schon etwas größer als Frechdachs Lulu sind. Na ja, und von frechen Hunden läßt man sich als Löwe in diesem Alter schon mal herausfordern. In knapp zwei Jahren werden aus den Löwenbabys erwachsene Löwen, die dann je nach Geschlecht 130 bis 230 Kilogramm wiegen. Die Geschichte mit den kleinen frechen Hunden wird sich dann erledigt haben ...

Gleich hinter dem Farmzaun, im Busch, leben solche Löwenrudel. Und die haben einen gesegneten Appetit. Ein Rudel kennen die van der Merwes ganz gut. Die drei erwachsenen Löwinnen, das Löwen-Männchen und acht Jungtiere liegen gleich hinter dem Zaun der Farm. Der Daktari sorgt auch für sie: Alle zwei Tage verschlingen sie ein halbes Rind.

Löwen haben in Namibia zur Zeit einige Probleme. Ein großer Teil des Landes besteht aus Farmland. Das heißt kilometerlange Zäune und immer weniger Freiland. Und wenn so ein Löwenrudel dann auch noch viel Fleisch frißt, das heißt Rinder schlägt, sind die Farmer nicht gut auf diese Tiere zu sprechen. Die Tage der noch freilebenden Löwen sind gezählt. Nur noch in den wenigen Nationalparks können sie wohl in Zukunft überleben.

Johannes hat außerhalb der Farm noch eine ganz besondere Aufgabe. Natürlich an einer anderen Stelle, weit weg von dem Löwenrudel. Und diese Aufgabe ist schwer: Jeden Tag muß er einen 25 Kilogramm schweren Eimer zu einer ganz besonderen Futterstelle tragen. Anschließend schlägt er gegen ein Stück Eisen. Das ist der »Tischgong«. Die Glockengeräusche sind weit zu hören. Und wer kommt da? Ein Warzenschwein, und noch eins ...

Warzenschweine leben völlig frei innerhalb und außerhalb der Farm, die immerhin eine Größe von 180 Quadratkilometern hat. Als echtes Schwein weiß man, daß bei den van der Merwes keine Gefahr droht. Schon gar nicht von den Gänsen, die jedesmal laut schnattern, wenn das borstige Vieh die Runde macht. An das Geschnatter der Gänse haben sich die Warzenschweine inzwischen längst gewöhnt. Für beide gibt es von Johannes etwas zähen Maisbrei. Eine willkommene Abwechslung. Am Anfang war das Futter nur für die Gänse gedacht, so nach und nach haben sich die Warzenschweine dazugesellt, und heute muß wesentlich mehr Futter zubereitet werden.

Und wenn das Schwein sein Breichen hatte, geht es zur Siesta am Wasserloch. Ein Schweinepool, der auch von den van der Merwes angelegt wurde. Im fast wasserlosen Namibia ist so ein Tümpel für viele Tiere unwiderstehlich. Sandflughühner beispielsweise müssen viele Kilometer fliegen, um eine Wasserstelle zu finden. Da freuen sie sich auch über einen frischen Schweinepool. Jeden Morgen um Punkt 8.30 Uhr fallen die ersten Schwärme ein. Nur wenige Sekunden halten sie sich beim Trinken auf. Das Wasser muß für den ganzen Tag reichen, erst am nächsten Morgen kommen sie wieder.

Springböcke leben ebenfalls am Rand der Kalahari. In der Trockenzeit gibt es im Busch kein Wasser. Deshalb müssen die genügsamen Springböcke einmal am Tag zur Wasserstelle des Daktari kommen. Also – an dieser Wasserstelle kommt niemals Langeweile auf. Und der Daktari freut sich, daß seine Wasserstelle so gut von den Tieren angenommen wurde.

Im Farmhaus hat sich Besuch angemeldet. Wie könnte es anders sein, es wird mal

Löwenbabys haben ständig einen Löwenhunger. Mit jedem weiteren Tag wächst auch ihr Appetit, und so müssen die Flaschen, die auf der Farm bereitet werden, immer größer werden.

wieder ein Karton gebracht, in dem es ordentlich raschelt. Petrus von der Nachbarfarm bringt einen neuen Problemfall.

Mariet van der Merwe ist sichtlich erstaunt, als sie den Deckel des Kartons öffnet: Ein etwa sechs Wochen alter Wüstenluchs sieht sie ängstlich zitternd an. Ein Tier mehr auf Namibias Arche Noah.

An der Ostseite des Farmhauses befindet sich ein kleiner Park. Aber überall stolpert man schon jetzt über Tiere. Im Augenblick springen mal wieder die jungen Geparden durch den Park. Die Fürsorge um sie hat sich ausgezahlt, man sieht ihnen kaum noch eine Behinderung an. Sie sind zu wilden Spielen aufgelegt, ein Zeichen dafür, daß es ihnen gut geht. Jagen und Kampfspiele, wie es bei allen Raubtieren üblich ist.

Auch auf einer solchen Farm ist irgendwann einmal Feierabend. Jetzt bekommen die Tiere ihre Streicheleinheiten. Eine kleine Grünmeerkatze genießt den Körperkontakt zu Marlies, der Tochter des Hauses, und kuschelt sich an sie, so fest es geht. Jeder kuschelt hier irgendwie jeden. Die Tiere begreifen erstaunlich schnell, wo sie Wärme und Nahrung finden.

Für Mariet van der Merwe und ihre Tochter Marlies ist doch noch nicht ganz Feierabend. Der Neuzugang, der kleine Wüstenluchs, muß noch seine Milch bekommen. Hunger ist der beste Lehrmeister. Und so hat der Wüstenluchs sofort begriffen, wie man aus der Milchflasche trinkt.

Wüstenluchse werden in ganz Namibia, dort wo Menschen leben, verfolgt. Die Farmer erzählen, daß die erwachsenen Tiere hin und wieder ein Lämmchen oder ein Zicklein schlagen, deshalb werden die Wüstenluchse umgebracht.

Trotz der vielen Löwen, Affen und Geparden klappt das Zusammenleben von Mensch und Tier auf der Farm. Mariet van der Merwe und ihre Tochter haben bereits einen 14-Stunden-Tag hinter sich, doch man merkt es ihnen nicht an. Tiere zu pflegen ist für sie mehr als nur eine Beschäftigung.

Die kleine Grünmeerkatze profitiert davon. Sicher haben auch Medikamente und die gute Nahrung dazu beigetragen, daß das Kleine schon wieder recht munter ist. Aber die Liebe zu den Tieren ist durch nichts zu ersetzen.

Die Farmerfamilie van der Merwe hat es sich in Namibia zur Lebensaufgabe gemacht, Tiere zu schützen, zu pflegen und sie in ihrem Bestand zu erhalten. Entgegen der allgemeinen Farmermeinung, die die eine oder andere Tierart lieber ausgerottet sehen würde.

BÄRENSTARKE FREUNDSCHAFT

Wie biete ich einem Bären Erdnüsse an? Lynn weiß, daß sie die Nüsse besonders gerne mögen. Er muß aber verhindern, daß sie gleich seine ganze Hand mitvernaschen.

Wie ausgestopfte Gespenster im dunklen Pelz, wie schwarze gefräßige Monster stehen sie in Naturkundemuseen. Bären gehören zu den ältesten Jagdtieren. Bereits in den Höhlen des Neandertalers fanden sich Bärenschädel und Bärenknochen von erlegten Tieren. Noch um die Jahrhundertwende war es weit verbreitet, Bären zu jagen und in bedrohlicher Pose auszustopfen. Die Bären waren, wenn man dem Jägerlatein glaubte, die gefährlichsten Monster, denen beispielsweise die Amerikaner in ihren Wäldern begegnen konnten. Lynn Rogers beweist mit seinen wilden Schwarzbären das Gegenteil. Die Schwarzbären: wilde Tiere – ja ... aber Monster?

Der Herbst beginnt in Minnesota mit den ersten bunten Vorboten, die Blätter beginnen sich zu färben. Für die Bären sind es die letzten Wochen vor dem langen Winterschlaf. Die Nächte werden kalt, bald kommt der erste Schnee. Es ist die Zeit, in der die alten Sagen und Legenden erzählt werden. Der Winter ist die Zeit der Bären. Im Wald tanzt ein alter Indianer im Federschmuck und mit der »Sprechenden Feder« in der Hand um ein loderndes Feuer. Erinnerungen an Karl Mays Geschichten werden wach. Der Indianer hält inne, sein Gesang verstummt. Er sieht uns durch die Rauchschwaden an: »Mein Name ist Earl Day. Das bedeutet ›Über das ganze Land‹, und auch der Schwarze Bär lebt überall. Ich bin Tänzer des Bärenclan und Medizinmann der Ojibway.« Er blickt kurz in das Feuer, dann sieht er sich um, als könnte er hinter den Bäumen die Bären entdecken.

»Januar und Februar sind die Monate des Bären. Das Land ist von Schnee bedeckt. Wird ein Bär geboren, schneit es, damit er gewaschen wird. Die Bären kontrollieren den Tag ...«

Ein paar hundert Meter weiter versteckt sich im dichten Laub tatsächlich ein Schwarzbär. Ein paar Meter davor liegt ein Mensch. Nicht der Indianer Earl Day, sondern Lynn Rogers.

Lynn hat keine Angst. Fast scheint es, als würde er einen alten Freund begrüßen. Dabei ist das riesige schwarze Kraftpaket vor ihm kein zahmer Zirkusbär. Lynn ist ihm nie zuvor begegnet.

Vorsichtig, aber ohne Scheu nähert sich das Tier. Lynn weiß nicht, wie der Bär auf ihn reagieren wird. Seine Geheimwaffe sind Erdnüsse. Das scheint auch dieses Mal zu funktionieren.

»Du bist wirklich ein ganz toller, hübscher Bär. Ehrlich.« Lynn spricht mit ruhiger Stimme auf den Bären ein. Der Bär kommt immer näher. Ganz langsam. Mit der Nase berührt er vorsichtig Lynn, der auf allen Vieren vor ihm hockt. Lynn spricht ganz behutsam weiter. »Mach dir keine Sorgen. Alles ist in Ordnung.« Lynn holt noch ein paar Erdnüsse und Sonnenblumenkerne aus seiner Tasche. »Du willst noch mehr. Ich lege sie hier hin.«

Das sind Szenen, die einem den Atem stocken lassen. Das Tier könnte jederzeit mit seinen Pranken zuschlagen, und der Mensch vor ihm hätte keinerlei Chancen, sich zu wehren. Wegen solcher Begegnungen der etwas anderen bärigen Art wird Lynn von

Bären am Schlafittchen. Die Bärenliebe von Lynn begann vor mehr als 50 Jahren als Ferienjob. Aber er wollte auch von Anfang an mehr. Der Biologe möchte die Bären verstehen können. Und das meint er wörtlich.

allen, wie könnte es anders sein, »Bärenmann« genannt.

Manche Schwarzbären sind furchteinflößend gigantisch, bis zu 400 Kilo schwer, andere sind eher verspielt und können fast so gut klettern wie Eichhörnchen, oder besser gesagt wie etwas zu dick geratene Eichhörnchen.

Bären sind zudem ausdrucksstark: Mit einem ziemlich unschuldigen Blick machen sie es sich auf einem stabilen Ast gemütlich. Das einzige, was sie dann verrät, wenn man an einem solchen Baum vorbeigeht, ist der eher strenge bärige Geruch.

Schwarzbären sind alles andere als angriffslustig. Die meisten machen eher auf der Tatze kehrt, wenn sie einem Menschen begegnen. Bären bleiben im allgemeinen lieber unter sich. Sie ziehen die Gesellschaft ihresgleichen vor. Obwohl Schwarzbären eigentlich Einzelgänger sind.

Lynn verbringt die meiste Zeit in der Natur. Stundenlang streift er durch die Wildnis. Die Wälder und Seen Minnesotas sind seit 30 Jahren sein eigentliches Zuhause. Und in diesem wilden Zuhause hat er seine Bärenstudien begonnen. Meist ist der 70jährige Bärenmann allein unterwegs. Aber er ist dabei alles andere als ein weltfremder Sonderling. Der pensionierte Biologe ist heute ein gefragter Bärenexperte. Seine Bilder von Bären haben Lynn zu einem der berühmtesten Tierfotografen Amerikas gemacht. Sein Archiv zeigt Tausende Aufnahmen von Bären in allen Lebenslagen. Wenn er nicht über seinen Fotos prüfend am Leuchttisch sitzt und kritisch die Ausbeute seiner letzten Bärentour sichtet, hält er statt vor Bären vor interessierten Menschen Vorträge. Selbst in Japan kennen die Leser verschiedener Magazine den Bärenmann. Büroarbeit ist für Lynn jedoch eher ein lästiges Übel. Lange hält es ihn nie am Tisch. Der Blick geht immer wieder über die Terrasse seines Hauses hinaus in den Wald.

Die Bärenliebe zeigte sich bereits im Kindesalter. Allerdings handelte es sich dabei wie bei den meisten Kindern um den Teddybären. Bis zu den großen Bären, die auch herumzappeln können, dauerte es noch etwas. Ende Zwanzig hatte Lynn endlich echte Bären im Arm. Es begann als Ferienjob in einer biologischen Station während seines Studiums und sollte schließlich ein Leben andauern.

Lynn war der erste, der Bären mit Sendern markierte, um mehr über ihr Leben zu erfahren. Einige hundert Bären sind ihm bei seiner Arbeit begegnet. Im Winter spürte er sie unter dem Schnee auf, wagte es sogar, in ihre Höhlen zu klettern. Einigen anderen folgte er für Tage in die Wälder. Bereits vor rund 15 Jahren hat ihn das reine Sammeln von Daten nicht mehr interessiert. Ohne sie zu stören, wollte er sie beobachten und von ihnen lernen, um sie noch besser zu verstehen.

Die Bären »verstehen können« meint Lynn in diesem Fall wörtlich. Er ist davon überzeugt, daß wir uns mit den Bären verständigen können. Daher gilt seine Neugier der Bärensprache, über die wenig bekannt ist. Manchmal kommen etwas eigenartige

Geräusche aus dem Haus. Wenn der Bärenmann seinen Tierstimmen lauscht, die er auf Tonband aufgenommen hat, ist es, als ob er eine geheimnisvolle Sprache enträtselt. Für Lynn macht das Wimmern und Brummen Sinn. Wenn Tiere und Menschen einander verstehen, hat das für Lynn auch noch eine andere Bedeutung: »Mensch und Bär können nur zusammenleben, wenn beide die Angst voreinander überwinden.«

Etwa 40 000 Schwarzbären leben im Labyrinth aus Wäldern und Seen im Norden Minnesotas. Nur per Wasserflugzeug oder Kanu läßt sich diese Wildnis durchqueren. Und jährlich kommen rund 15 000 Touristen. Nur die wenigsten sehen überhaupt einen Bären. Trotzdem kommt es auch zu fatalen Begegnungen, wie Ken Berger sie erlebt, oder besser überlebt hat.

»Es war Mitte August, und ich wollte mal wieder die Natur erleben. Also machte ich mich mit dem Kanu auf eine längere Tour.« Der Mann aus Ely war schon eine Woche unterwegs, als er gegen Mittag das Ufer ansteuerte, um Rast zu machen. Schlechte Erfahrungen mit Bären hatte er bisher nicht gemacht. Weder Pfefferspray noch ein anderes Anti-Bären-Tränengas war in seinem Gepäck. Als er das Ufer betrat, war er nicht allein. Doch das wußte Ken nicht.

Der Sommer war trocken, Früchte und Waldbeeren knapp. Bären beginnen dann hungrig auf der Suche nach Futter umherzuziehen. Sie verlieren jede Scheu vor Menschen, und Begegnungen können gefährlich werden. Ken holte seine Vorräte aus dem Kanu und brachte sie an Land. Aber der Geruch von Essen lockt Bären unwiderstehlich an. Vor dem monatelangen Winterschlaf fressen sie so viel es geht, um sich ein dickes Fettpolster zuzulegen.

Ken Berger ahnt nichts von der drohenden Gefahr. Plötzlich galoppiert ein Koloß von einem Schwarzbären auf den Camper zu. Das Ziel des Tieres sind die Vorräte. Ken läuft so schnell er kann zu seinem Kanu und paddelt um sein Leben. Er kommt mit dem Schrecken davon. Wenige Tage zuvor wurden in Kanada zwei Menschen von einem Schwarzbären getötet. Solche Attacken geben Bären das Image von Bestien in den Wäldern.

Die Indianer wie Earl Day haben ein ganz anderes Verständnis von den großen Landraubtieren. »Wir nennen den Schwarzbär Bruder oder Großvater. Der Große Geist schuf zuerst die Bären. Von allen Bärengattungen aber schuf er den Schwarzbären zuletzt. Er ist der kleinste, aber auch der weiseste. Er kann die Zukunft sehen. Bären sind die Hüter der Erde. Sie haben die Kraft und die Macht, die Erde zu kontrollieren. Sie sind für uns heilig. Sie sind die Quelle unserer Inspirationen und weisen uns den Weg, das Richtige zu tun.«

Während Earl Day zu Ehren des Bären tanzt, kommt eine Bärin mit ihren drei Jungen durch das Unterholz. Sie ist weder durch das Feuer noch durch den Gesang verschreckt. Ein bißchen mißtrauisch ist sie aber schon.

Selbst für den Medizinmann ist das eine seltene Begegnung. Vielleicht hätte der Indianer nicht so dicht an Lynns Hütte tanzen sollen. Offenbar wollte die Bärenfamilie den Bärenmann besuchen. Die drei jungen Bären sind wie alle Tierkinder neugierig. Sie wollen ständig die Welt um sie herum erkunden. So haben sie inzwischen den Balkon von Lynns Hütte erklettert. Im Wald gibt es nicht allzuoft Balkone, und daher ist die Neugierde einfach zu groß.

Lynn streut sein bewährtes Bärenfreundschaftsangebot aus: Sonnenblumenkerne und Erdnüsse. Schließlich siegt die Verlockung des Futters über jede Scheu. Instinktiv ahnen sie, daß von dem weißhaarigen Mann keine Gefahr droht. Lynn nähert sich ihnen sehr vorsichtig. Er sieht die Bären das erste Mal und hofft, sie so an

Familienbesuch in Lynns Hütte. Jeder andere würde vor Angst stocksteif. Lynn dagegen freut sich über den bärigen Besuch und lädt ihn ein, auf der Terrasse ein Schwätzchen zu halten.

sich zu gewöhnen, daß sie ihn eines Tages in ihrer Nähe dulden. Diese Fütterungen sind für Lynn der Beginn, vielleicht ein erster Schritt zu neuen Erkenntnissen.

Zum Beispiel, daß eine Bärin mit ihren Jungen besonders gefährlich sei. »Alles Unsinn«, meint Lynn. »Das trifft nur für Grizzlies, aber nicht für Schwarzbären zu.«

Und schließlich ist wohl alles eine Frage des gegenseitigen Vertrauens. Lynn beginnt merkwürdige Bärenlaute von sich zu geben.

»Klingt das für dich wie der Ruf eines freundlichen Bären? Ich will nichts sagen, was dich erschrecken könnte, weil du sicher einfach wegrennen würdest.« Aber die Bären rennen nicht weg. Sie knabbern weiter die bereitgelegten Nüsse. Ab und zu sehen sie nach dem Bärenmann. Aber ohne Scheu und ohne Angst. Ein paradiesischer Zustand zwischen Mensch und Tier.

Rund eineinhalb Jahre wird sich die Mutter um ihre Jungen kümmern und ihnen Bärenwissen beibringen. Die drei auf Lynns Balkon sind jetzt etwa acht Monate alt und sehen gesund genug aus, um den kommenden Winter zu überstehen.

In Outdoor-Magazinen wird oft der Ruf von der mordenden Bestie am Leben erhalten: Der schwarze Killer aus den Wäldern, der im Blutrausch Menschen zerfleischt. Der furchterregend in Häuser eindringt und auch Wanderer auf seinen Speiseplan gesetzt hat. Ganz oben – an erster Stelle.

Das alles macht die Bären zur begehrten Trophäe. Allein in Minnesota werden pro Jahr rund 4000 Schwarzbären geschossen. Aus dem Hinterhalt. Dabei werden die Bären über Wochen hinweg zu Futterplätzen gelockt. Haben sie erst ihr Mißtrauen verloren, sind sie ein leichtes Ziel für

den Jäger. Besonders populär: die Jagd mit Pfeil und Bogen. Als waidmännisch gilt diese Art der Jagd selbst unter Jägern nicht. Der ganze Stolz dieser »Herren«: der Todesschrei des Bären. Schwarzbären können mehr als 20 Jahre alt werden. In Minnesota liegt das Durchschnittsalter bei vier Jahren. Und viele Bären kehren nie zu Lynns Hütte zurück.

Lynn Rogers gilt als einer der ganz großen Verhaltensforscher. Viele vergleichen ihn mit Diane Fossey und ihren berühmten Berggorillas. Seine Studien vor Ort hält er für wesentlich ungefährlicher als Autofahren. Bis auf ein paar Kratzer ist er noch nie von Bären verletzt worden.

»Bis jetzt wurden in diesem Jahrhundert in ganz Nordamerika rund drei Dutzend Menschen von Schwarzbären getötet. Aber: Auf jeden von einem Schwarzbären Getöteten kommen 67 Menschen, die von Haushunden zu Tode gebissen werden, 180 sterben an Bienenstichen und 374 durch Blitzschläge. Von daher fühle ich mich wesentlich sicherer, wenn ich mit den Bären durch die Wälder wandere.«

Meist dauert es Stunden, um Spuren zu finden. Das hatte Lynn uns oft gesagt. Wir sind schon einige Zeit mit ihm durch die Wälder unterwegs und wollen sehen, wie er es schafft, sich an unbekannte wilde Schwarzbären heranzupirschen. Nach einer Weile entdeckt er frischen Bärenkot. Wahrscheinlich ist das Tier noch ganz in der Nähe. Zu sehen ist es nicht.

»Es passiert häufig, daß man an einem Bären vorbeiläuft, ohne ihn im dichten Gebüsch zu entdecken ...«, raunt Lynn uns zu. Dann läßt er seinen einmaligen Bären-Lockruf los. Und dort ist der Bär zu sehen. Direkt vor uns. Aber er läuft nicht auf uns zu, sondern von uns weg. Selbst der Lockruf kann den Bären nicht dazu bewegen zu bleiben. Ihm zu folgen ist sinnlos. Manche Bären legen bis zu 60 Kilometer pro Tag zurück und sind schnell wie ein Kleinwagen.

Wir marschieren weiter, und dann haben wir tatsächlich ein zweites Mal an diesem Tag Glück. Zwischen den dicken Baumstämmen zeigt sich ein Bär. Lynn geht erst einmal in die Hocke.

Der Bär beginnt mit den Kiefern zu klappern. Das ist eine Drohung, nicht noch näher zu kommen. Der Bär scheint sich nicht sicher zu sein, ob er angreifen soll.

Das schafft Vertrauen und hat sich bewährt. Aber der Bär bleibt auf Distanz.

Lynn hatte manche Bären so an sich gewöhnt, daß er im Schlafsack neben ihnen übernachten konnte. Aber dieser Bär scheint nicht gewillt zu sein, Lynn in seiner Nähe zu dulden. Er sieht auch nicht so aus, als wollte er wegrennen – ganz im Gegenteil.

»Ganz ruhig, Bär. Schon bald wirst du dich an meine Stimme und meinen Geruch gewöhnt haben. Dann wirst du keine Angst mehr haben. Wenn ich jetzt aufstehe, würden du und dein Junges bestimmt auf den Baum klettern. Ich bleibe hier einfach so lange liegen, bist du dich an mich gewöhnt hast.«

Der Bär beginnt mit den Kiefern zu klappern, als ob ihm plötzlich bitterkalt würde. Gemeint ist das allerdings völlig anders. Das Kieferklappern ist die Drohung, nicht noch näher zu kommen. Die Bärin ist verängstigt. Trotzdem flieht sie nicht. Aber sie scheint sich auch nicht sicher zu sein, ob sie angreifen soll. Die Bärenmutter hat nicht nur ein Junges. Ein weiteres hat sich unsichtbar in den Büschen versteckt, ein drittes ist in den Baum geklettert. Offenbar hat es sich zu hoch hinausgewagt und traut sich nicht mehr runter.

Plötzlich sieht es so aus, als würde die Bärin angreifen. Sie schlägt mit den Tatzen in Richtung Lynn.

»Es ist nur ihre Art zu sagen, daß sie Angst hat. Sie sagt es zu sich, zu mir und zu ihren Jungen, damit die schnell auf den nächsten Baum klettern. Wenn sie wirklich Angst hätte, ich meine richtige Angst, dann wäre sie wahrscheinlich selber auf den Baum geklettert und hätte geschnaubt. Viele halten das für Einschüchterung. Aber das stimmt nicht. Das heißt einfach: Ich habe große Angst. Und wenn sie zischt und mit dem Kiefer klappert, meint das nur: Laß mich in Ruhe und komm bloß nicht näher, denn ich habe scharfe Zähne.«

Greifen sie doch an, geschieht das blitzschnell. Zu schnell für den Menschen. Er hat keine Chance. Unverletzt blieb Lynn bisher nur, weil er niemals versuchte, Bären zu nahe zu kommen. Und weil er ihre Mimik versteht.

»Der größte Irrtum ist, daß Bären gefährlich sind. Dieser Irrtum kommt durch die Angst der Menschen. Deshalb werden viele Bären unnötig erschossen. Dabei sind sie friedliche Tiere, die sich nur vorsichtig und furchtsam verhalten.« Während der Paarungszeit, Ende Mai bis Anfang Juli, konnte Lynn sogar die geradezu zärtlichen Liebesspiele der Schwarzbären beobachten.

Schwarzbären sind die einzigen Bären Amerikas, die klettern können. Das hat sie Jahrhunderte überleben lassen. Und manchmal geht man so besser auch schlechtgelaunten Artgenossen aus dem Weg.

Lynn steht wieder einmal auf dem Balkon seiner Hütte, sieht in den Wald und träumt. »Jeder Tag war und ist wie ein neues Kapitel für mich. Ich bin dankbar dafür, daß ich mein ganzes Leben damit verbringen konnte, meine Neugier über Bären zu stillen. Jetzt würde ich gerne mein Wissen anderen vermitteln.«

Der Schwarzbär ist ein wildes Tier. Er ist auch mit Sicherheit gefährlich, wenn er sich bedroht fühlt. Aber die Geschichte vom schrecklichen Bär ist wohl eher eine Konstruktion von Jägern und Trophäensammlern, die glauben, daß es mutig ist, einen Bär aus großer Distanz zu erschießen. Bären dagegen haben eigentlich keinen Grund, Menschen anzugreifen, die sie nicht bedrohen. Übrigens: Am meisten Angst hat Lynn Rogers immer noch vor den Jägern, deshalb trägt er stets eine rote Pudelmütze, die schon von weitem gut zu sehen ist.

BALLARD – ENTDECKER DER TITANIC

Drei Mann haben in dem Tauchboot Alvin Platz. Es kann bis zu 4500 Meter tief tauchen. Kein Taucher könnte dem Boot in diese Tiefe folgen. Es geht auf die Suche nach den Schwarzen Rauchern, heißen Quellen auf dem Meeresgrund des Atlantiks.

Im Jahre 1939 wurde auf der Hamburger Werft Blohm & Voss das Schlachtschiff Bismarck gebaut. Es hatte 2100 Mann Besatzung, als der Stolz der Marine 1940 in Dienst gestellt wurde. Nur ein Jahr später wurde die Bismarck versenkt, von der eigenen Mannschaft. 400 Seemeilen westlich von Brest lag sie auf dem Grund des Meeres. Der amerikanische Wissenschaftler Robert Ballard machte sich viele Jahre später, 1989, auf die Suche nach dem Schiff. Er fand das Wrack. Zu der Zeit war der Wissenschaftler aber bereits eine Berühmtheit, und das, weil er von einem anderen legendären Wrack den Schleier des Vergessens gezogen hatte: Robert Ballard ist der Entdecker der 1912 gesunkenen Titanic.

Der 1. September 1985 südlich von Neufundland. Aus 3800 Metern Tiefe sendet ein Kameraroboter Videosignale in den Kontrollraum des Forschungsschiffes Knor: Bilder der Titanic. 73 Jahre nach seinem Untergang feiert der Unglücksdampfer, der längst zum Mythos geworden ist, seine Wiederauferstehung. Es sind gespenstische Bilder. Der schwarze Bug taucht auf, die Reling ist zu sehen. Nichts ist geblieben von den vielen Menschen, die ums Leben kamen. Bilder, die um die Welt gehen werden.

Die Entdeckung der Titanic machte Robert Ballard über Nacht zum gefeierten Medienstar, doch seine Karriere als Tiefseeforscher hatte bereits Mitte der siebziger Jahre begonnen. Mehr als 65 Unterwasserexpeditionen fanden seitdem unter seiner Leitung statt, und es sind vor allem die Tiefen des Abyss, die ihn bis heute faszinieren.

An Bord des Forschungsschiffes Atlantis laufen die letzten Vorbereitungen für eine Tauchfahrt. Alvin, ein kleines 3-Mann-U-Boot, kann ohne Probleme 4500 Meter tief tauchen. 200 Seemeilen vor der mexikanischen Küste wird Robert Ballard auf rund 2900 Meter absinken und in ein vulkanisch aktives Gebiet mit Schwarzen Rauchern vordringen.

Ein Computer simuliert vorher den Abstieg der Alvin in den Abyss. Eine Sicherheitsvorkehrung. Die Bilder des echten Tauchbootes filmt Jason jr., ein ferngesteuerter Kameraroboter, mit dem Ballard seit mehr als zehn Jahren arbeitet.

Für Tiefseeforscher ist die 1000-Meter-Grenze die mittlere Tiefe. Hier sind die Leuchtquallen zuhause. Gefährliche Schönheiten. Die Medusen haben starke Nessel-

Das Tauchboot Alvin auf dem Meeresgrund in mehr als 2800 Metern Tiefe. Nur die Scheinwerfer des Tauchbootes geben Licht in der ewigen Dunkelheit des Abyss.

gifte. Berühren verboten steht leider nicht dran. Im Dunkeln leuchten sich die Medusen zu, geben sich blinkende Signale – auch eine Art von Unterhaltung.

Ein seltener Schirmkrake taucht aus dem Dunkel auf. Selbst für einen erfahrenen Tiefseeforscher immer wieder eine faszinierende Begegnung. Ein Ohrenkrake von mehreren Metern Spannweite schiebt sich ins Blickfeld und wackelt mit den Ohren. Seinem Namen macht er alle Ehre. Natürlich hat er nicht wirklich Ohren. Das sieht für den Betrachter nur so aus. Eine Welt voller skurriler Lebewesen. Ein Kalmar zeigt seine besten Turnübungen. Er kann seine Fangarme als Stelzen zum Ausruhen auf dem Meeresboden nutzen: sozusagen ein Schläfchen im Handstand.

Die Computersimulation zeigt den Abstieg in den Abyss. Kein Taucher könnte dem Boot in diese Tiefe folgen. Nach mehr als einer Stunde erreicht die echte Alvin den Meeresboden. Bilder, die ein wenig an eine Mondlandung erinnern. Auf fast 3000 Metern Tiefe ist Robert Ballard in seinem Element. Die ersten Schwarzen Raucher tauchen auf. Eine schwarze Rauchsäule wabert langsam aus einem zerklüfteten Gesteinskegel. Kaum ein Fisch ist in der Nähe des Kegels zu sehen. Trotzdem wimmelt es von kleinsten Lebewesen rund um die Rauchsäule. Der Schwarze Raucher ist eine heiße Quelle auf dem Meeresgrund des Atlantiks und Zentrum einer Lebensgemeinschaft in 3000 Metern Tiefe. Hier existieren Lebensformen, die erst in den vergangenen beiden Jahrzehnten in den Ozeanen entdeckt wurden.

1977 präsentierte der Wissenschaftler erstmals Bilder der heißen Quellen am Meeresboden nahe den Galapagosinseln. Die Erforschung dieser extremen Lebensräume und ihrer Bewohner machten ihn bereits acht Jahre vor Entdeckung der Titanic bekannt. Die Tiefsee ließ ihn nicht mehr los.

Nur wenige Meter unter dem Tauchboot beginnt der heiße Kern unseres Planeten. Eine Reise, die den Forscher sehr nahe an Jules Vernes Mittelpunkt der Erde führt. Hier ist die Nahtstelle von zwei Kontinenten, die sich Jahr für Jahr um Zentimeter voneinander entfernen. Ein »heißes Pflaster«, über das der Weg des Tauchbootes Alvin führt. An den heißen Quellen wird Wasser mit einer Temperatur von 360 Grad Celsius durch die Erdkruste gepreßt. Wasser, das nicht nur kochendheiß, sondern für uns Menschen auch hochgiftig ist.

Kaum vorstellbar, aber in dieser schwefelhaltigen heißen Brühe leben tatsächlich Tiere, die mit der giftigen Chemie und der unglaublichen Hitze überhaupt keine Probleme haben. Weiße Schirmalgen siedeln auf dem Lavabasalt.

Diese Expeditionen in die Tiefsee, und damit auch die Suche nach unbekannten Lebensformen, war immer das eigentliche Ziel des Forschers Robert Ballard. Trotzdem hat ihn die Suche nach der Titanic, diesem Mythos, nie losgelassen.

Die Woodshole Institution ist eine der größten Einrichtungen für Meeresforschung in den Vereinigten Staaten. Hier beginnt die zweite Reise des Robert Ballard zur Titanic.

Die Kommandobrücke der Titanic. Diese sensationellen Aufnahmen von dem gesunkenen Passagierschiff wurden von dem Tauchboot Alvin aus gemacht.

Der Tauchschlitten Argo hatte nur Schwarzweißbilder von der Titanic nach oben gesendet, mit dem Tauchboot Alvin will Ballard selbst zum Unglücksdampfer hinabtauchen. Mit an Bord ist Dudley Foster, Chefpilot der Alvin: »Der erste Tauchgang zur Titanic war von Schwierigkeiten begleitet, weil uns einige Testtauchgänge mit der komplett überholten Alvin fehlten. Dafür hatten wir keine Zeit mehr, Probleme waren praktisch programmiert.«

12. Juli 1986. Das Alvin-Mutterschiff Atlantis II liegt auf Position. Die Wetterverhältnisse im Nordatlantik sind gut. Robert Ballard steigt in das enge Tauchboot. Nicht gerade Komfort 1. Klasse. Aber beim Einstieg gibt er das Zeichen für Okay. Unter den Augen seiner Crew startet Ballard zu einer Reise, deren Bilder um die Welt gehen werden. Vorn am Tauchboot ist der ferngesteuerte Kameraroboter Jason jr. montiert, der in das Wrack vordringen soll, dort, wo das Tauchboot nicht hinkommt. Dafür ist selbst ein enges Tauchboot schließlich zu dick. Zwei Stunden wird der Abstieg in den Abyss zur Titanic dauern.

Dudley Foster meldet an die Oberfläche: »2200 Meter sind erreicht.« Es gibt Probleme. Auf dem Weg nach unten bemerkt Foster, daß das Sonar nicht richtig funktioniert. Den Forschern fehlt damit ihr künstliches Auge, das normalerweise die Dunkelheit durchdringt. Der Meeresgrund ist erreicht, doch von der Titanic keine Spur, lediglich eine Landschaft, die an einen verschneiten Gebirgskamm erinnert, wird sichtbar.

»Plötzlich stießen wir gegen eine schwarze Wand, die Bordwand der Titanic. Wir lösten eine Art Staubwolke aus und sahen gar nichts mehr. Ich navigierte die Alvin ganz langsam und vorsichtig in eine höhere Position.«

Als sich die Sedimentwolke auflöst, liegt der Bug des Luxusliners vor der Alvin. Der zweite Tauchgang wird für Robert Ballard zu einem unvergeßlichen Erlebnis: »Wir starrten auf schwarzen Stahl. Das ganze Fenster des Tauchbootes war von Schwärze erfüllt, wie von einem Monolithen, wie der im Film 2001, der Gott oder die Unsterblichkeit dargestellt hat.«

Nach dem ersten gewaltigen Eindruck war die Neugierde nicht mehr zu bremsen: »Während Alvin sicher auf dem Deck des Vorschiffes geparkt war, filmten und fotografierten wir mit Jason jr. das gewaltige Wrack. Später schickten wir unseren Roboter zum Promenadendeck, dort sah er durch die Fenster. Wo sich früher die reichsten Passagiere tummelten, lebte jetzt ein Tiefseefisch. Nach dem kurzen Ausflug kehrte Jason jr. zurück zur Alvin. Unsere ersten Fahrten konzentrierten sich auf das Vorschiff, wo Jason jr. sich ungehindert bewegen konnte.«

Es beginnt die systematische Erkundung des Wracks: Die Poller auf der Steuerbordseite. Das Bullauge einer Kabine der 1. Klasse. Eine der beiden mächtigen Schiffsschrauben der Titanic. Immer tiefer dringt der Roboter in das Wrack ein. Schließlich taucht er zum legendären Treppenabgang des Deck-Foyers der 1. Klasse. Eine Federkoralle siedelt auf einem Kronleuchter, der einst die elegante Garderobe der reichen

»Plötzlich stießen wir gegen eine schwarze Wand. Wir starrten auf schwarzen Stahl. Das ganze Fenster des Tauchbootes war von Schwärze erfüllt, wie von dem Monolithen aus dem Film 2001, der die Unsterblichkeit darstellte.« So beschreibt Robert Ballard seine eindrucksvolle Begegnung mit der gesunkenen Titanic in den Tiefen des Meeres.

Passagiere ins rechte Licht rückte. Die Alvin erreicht das Bootsdeck. Hier nahm in der Nacht des 14. April 1912 die Tragödie ihren Lauf. Ein Eisberg wird gerammt. Die Bordwand ist aufgerissen. Eiskaltes Wasser dringt ein. Auf dem als unsinkbar geltenden Dampfer sind zuwenig Rettungsinseln vorhanden. 1503 Menschen ertrinken.

Die Entdeckung der Titanic hat Robert Ballard berühmt gemacht, doch sein eigentliches Interesse gilt den bis heute weitgehend unerforschten Tiefen des Abyss und seiner Lebewesen. Es sind die vulkanischen Prozesse der Tiefsee, die unsere Erde unablässig umgestalten und die zur Entwicklung der ungewöhnlichsten Tiere führte.

Ein Stativfisch. Mit seinen langen Brustflossen stützt er sich am Meeresboden ab. Man kann ja nicht immer schwimmen. Ein Tiefseeoctopus, heute mal in einem netten schillernden pastellfarbenen Kleid. Trotz des ewigen Dunkels des Abyss hat er auffallend großen Augen, obwohl er eigentlich nicht viel sehen kann, falls nicht gerade ein Tauchboot mit Scheinwerfern vorbeischwimmt. Was in diesen Tiefen eher selten ist. Warum hat er so große Augen, wenn es doch nicht den Schimmer eines Lichtes gibt? Eines der vielen ungelösten Rätsel der Tiefsee, die der letzte große weiße Fleck auf unserem Planeten ist. Wir wissen heute mehr über die Gebirge des Mars als über die Tiefen der Ozeane. Nur etwa ein Prozent sind erforscht.

Wie ein Raumschiff auf einem unbekannten Planeten bewegt sich die Alvin durch eine Welt unwirklicher Lebensformen. Eine Wachsrose siedelt in einem bizarren Tor aus Lava. Bartwürmer: Sie werden bis zu zweieinhalb Meter lang und leben in weißen Röhren in unmittelbarer Nähe der Schwarzen Raucher. Als Ballard sie Mitte der siebziger Jahre entdeckte, war das eine wissenschaftliche Sensation. Wie alles Leben in dieser Tiefe sind auch die riesigen Bartwürmer von der rauchenden Energie der heißen Quellen abhängig. Eine Bartwurmkolonie ist eine Art Unterwasserkraftwerk.

Leuchtquallen sind gefährliche Schönheiten. Die Medusen haben starke Nesselgifte. Im Dunkeln leuchten sich die Medusen zu – auch eine Art von Unterhaltung.

Die Würmer haben keinen Mund, keinen Magen und keinen Darm. Bakterien helfen ihnen, die Mineralien des heißen Tiefseewassers in Energie umzuwandeln.

Die Bakterien im heißen Wasser der Schwarzen Raucher gelten als Urbakterien, die für die Entwicklung unseres Lebens verantwortlich sind. Zu heiß gebadet muß offensichtlich nicht immer schlecht sein. Das warme Wasser enthält 300 bis 500 Mal mehr Nahrungsbestandteile als das Tiefseewasser in anderen Regionen. Bei so reichlicher Kost nehmen auch Krebse die Hitze und einen Druck von 300 bar gern auf sich.

Acht Meter hoch sind die Schornsteine des Riesenrauchers, doch so imposant er auch aussieht, allzulange qualmt er nicht. Nach wenigen Jahren erkalten die Energiequellen, und mit ihnen stirbt auch das Leben in ihrer Umgebung. Doch noch fühlen sich die kleinen Garnelen am großen Schornstein ziemlich wohl.

Tiefseepioniere sind für jede Information dankbar, und Dudley Foster pflückt mit dem Greifarm einige Exemplare der bizarren Unterwelt-Bewohner für weitere Untersuchungen. 40 000 Dollar kostet übrigens so ein Alvin-Abstieg in die Tiefe. Kein Wunder, daß die Erforschung dieses einzigartigen Lebensraums nur langsam vorangeht.

Die Alvin nimmt mit einem Spezialthermometer eine Temperaturmessung vor. An der Austrittsöffnung des Rauchers hätte es ein normales Thermometer schwer. Die Wassertemperatur beträgt 360 Grad Celsius. Gerade richtig für den Rattenschwanzfisch, der es sich zwischen einigen Röhrenwürmern bequem gemacht hat. Weiße Partikel hüllen das U-Boot ein. Es sind die Folgen der Röhrenwurm-Fortpflanzung. Die Tiere stoßen auf diese Weise Samenzellen aus.

Ein weißer Krake mit drei Metern Spannweite taucht auf. Seine Artgenossen in flacheren Gewässern hätten sich in dieser Situation längst verfärbt und der Umgebung angepaßt. Aber wozu? Eine Farbenpracht würde in der Dunkelheit sowieso keiner bewundern können.

Nicht nur den Röhrenwürmern steht der Sinn nach Fortpflanzung. Ein kleines Tiefseeoctopus-Männchen sitzt auf dem wesentlich größeren Weibchen, ein Größenverhältnis, das nicht eben häufig im Tierreich vorkommt. Doch den beiden scheint es nichts auszumachen. Auch die Paarung selbst ist ungewöhnlich. Die Octopus-Verwandten im Flachwasser vermeiden solche »Ganzkörper-Kontakte« – sie sind nur durch den Begattungsarm verbunden.

oben links: Ein weißer Krake mit drei Metern Spannweite. Seine Artgenossen in flachen Gewässern hätten sich längst verfärbt. Ein solcher Tiefseekrake nicht.
oben rechts: Im Gegensatz zum Kraken leuchtet die Sepia in der Tiefsee. Sie gehört zu einer phantastischen Welt mit vielen »Fabelwesen«.

Nur wenige Menschen haben wie Robert Ballard die Möglichkeit, selbst in die Ozeane abzutauchen. Ihnen trotzdem die Schönheit dieser Welt nahezubringen, das ist das Ziel von Ballards Jason-Projekt. Im Mystic Marinepark will er allen die Möglichkeit geben, sozusagen auf festem Boden in den Abyss zu tauchen und dabei einer Vielzahl von Lebewesen, wie beispielsweise einem Beluga-Wal, zu begegnen. Wegen ihrer Gesänge nennt man sie »Kanarienvögel des Meeres«. Wenn auch ziemlich dicke Vögel.

Mit Bildern über Beluga-Wale und Kraken kommt Ballard oft in die Wohnzimmer des amerikanischen Fernsehpublikums, und zwar live. Während Kamerateams die Tiere filmen, werden die Bilder per Satellit direkt übertragen. Kinder können in speziell eingerichteten Zentren mit den Kamerateams reden und Regieanweisungen geben. Das ist interaktives Fernsehen unter Wasser.

Delphine gehören natürlich zu den Lieblingsstars des Publikums, doch Robert Ballards persönliche Favoriten sind die Kraken. Sie haben die höchste Entwicklungsstufe bei den Weichtieren erreicht. Kraken leben in allen Tiefen der Ozeane und gehören zu den intelligentesten Meeresbewohnern. Eine der herausragenden Eigenschaften der Kraken ist ihre Mimikry: die Fähigkeit zum Karneval in jeder Jahreszeit. Ihre Haut wird zum Kostüm – passend zu jedem Untergrund. Die ganze Maskerade ist manchmal stimmungsabhängig. Ab und zu wird ein Krake auch mal blaß. Für Ballard ist es eine der größten wissenschaftlichen Herausforderungen, die Verhaltensweisen der Tiefseekraken besser kennenzulernen.

Der Marinepark von Mystic ist der Versuch des Wissenschaftlers Ballard, das Meer und seine Erforschung auf verständliche und vor allem anschauliche Weise zu zeigen, damit immer mehr Menschen ein Gefühl für die zerbrechliche Schönheit des Ökosystems Ozean bekommen und dessen Bewohner besser verstehen.

Denn schließlich ist es nur ganz wenigen vergönnt, mit der Alvin selbst hinabzutauchen in die geheimnisvolle Welt nahe am Mittelpunkt der Erde. Natürlich wird Robert Ballard immer mit der Entdeckung der Titanic in Verbindung gebracht werden. Aber er erforschte eben auch die Tiefen der Meere und entdeckte, daß es dort Leben geben kann, wo der Mensch es keinesfalls vermuten würde. Die Natur hält immer wieder Überraschungen bereit.

KOI – JUWELEN UNTER WASSER

Stellen Sie sich vor, Sie haben ein ganz besonders exotisches Haustier, das ganz bunt ist und glitzert wie ein Juwel. Außerdem frißt es Ihnen aus der Hand, und Sie können ohne Probleme mit ihm herumschwimmen – es aber keinesfalls an die Leine nehmen. So ein Tier gönnen sich die Japaner, wenn sie reich sind. Es sind Koi, wertvolle Zierkarpfen, die niemals auf dem Teller landen. Und – es gibt sie auch besonders symbolträchtig auf Stoff gemalt: Sie verkünden die Geburt eines Sohnes.

Auch Joshihisan Ogata hat die Geburt seiner beiden Söhne mit Koi gefeiert. Das ist eine Selbstverständlichkeit. Denn Ogata San ist einer der renommiertesten Koi-Züchter. Und er sieht sich in einer sehr langen Tradition.

In einem japanischen Park gibt es immer einen Teich, und in diesem schwimmen meist Koi. Dabei züchten die Japaner erst seit 150 Jahren die farbenprächtigen Fische. Die Koi sind ganz besondere Karpfen. Nicht nur wegen der Farbe. Welcher Fisch schubst schon Enten weg? Für einen Koi kein Problem. In einigen Seen schwimmen sogar noch Ur-Koi. Denen geht es nicht so gut, denn die werden auch gegessen. Einen echten Koi dagegen würde ein Japaner nie essen.

Koi streiten sich nicht. Sie streiten sich auch nicht bei der Futteraufnahme und sind wie Freunde zueinander. Die Koi sind daher ein Symbol für Harmonie. Der Japaner sieht darin natürlich auch Intelligenz und einen guten Charakter. Übrigens schwimmen die Koi auch noch gegen den Strom. Und schon wieder haben die Japaner einen Grund, hierin ein Symbol für Kraft zu sehen: Die Koi schwimmen gegen den Strom, und diese Symbolik der Kraft wird auch den Söhnen

Mit einem Koi spielen die Japaner wie wir mit einem Hund. Allerdings muß man zu diesem Spielkameraden ins Wasser.

gewünscht. Aber eines sind sie immer: Juwelen unter Wasser.

Karpfen hatten auch bei uns in Europa immer eine große Bedeutung. Natürlich nicht solche schillernden, bunten Exemplare, sondern ganz gewöhnliche Karpfen. Die Fische wurden im 15. und 16. Jahrhundert in den christlichen Klöstern gezüchtet. Diese Beliebtheit hatte etwas mit der Fastenzeit zu tun. Es durfte in dieser Zeit kein Fleisch warmblütiger Tiere gegessen werden. Da kam der Karpfen als Fastenspeise ganz recht und landete »fast als Speise« auf dem Teller. Ein Juwel wie den Koi würde allerdings in Japan niemand benutzen, um die Fastenzeit ein wenig magenfreundlicher zu gestalten.

In einem kleinen Teich hält Tanahisa Aoyama einige der schönsten Koi Japans. Im Zweiten Weltkrieg war er Kamikaze-Pilot, kam jedoch nicht mehr zum Einsatz. Für ihn eher eine Schmach als Glück. Mit den Koi ist das anders. Bei vielen Ausstellungen wurden seine Fische prämiert. Seine Karpfen sind für ihn wie schwimmende Gemälde, die er sich gerne ansieht.

»Früher bin ich viel ausgegangen – und wenn ich heute Streß habe, dann muß ich nur zu meinen Koi gehen. Sehr schnell habe ich mich dann wieder beruhigt.«

Die Japaner lieben die Perfektion, und die hat ihren Preis. So zahlt man für einen »All Japan Champion« mal ganz nebenbei soviel wie für einen Bungalow. Da fragt man sich, was denn einen Koi zu so einem tollen Hecht, 'tschuldigung, natürlich Karpfen macht. Die Herren Bewertungsrichter der ZNA-Koi-Show wissen es. Aus 2700 gemeldeten Kandidatinnen wählen sie die schönste. Es ist eine Mißwahl. Gesucht wird die Miß Japan. Bei so vielen hübschen Damen sind die Herren Richter zufrieden.

Bewertet werden die Farbverteilung, die Farbreinheit, die Randschärfe, die Schuppen, die Hautqualität, die Körperform und die Eleganz beim Schwimmen. Bei der Körperform haben übrigens die männlichen Koi keine Chance. Der Champion aller Shows würde bei einem Verkauf sicher eine halbe Million Mark kosten. Eben ein wahres Juwel unter Wasser.

Von April bis November finden überall im Land Auktionen statt. Wer hat den schönsten Karpfen im Land? Bis zu 30 000 Kisten, bestückt mit einem großen oder bis zu 200 jungen Koi, werden pro Jahr auf Auktionen versteigert. Die Käufer sind Händler oder Hobbyzüchter. Auf Auktionen werden aber nur ganz selten 10 000 oder 20 000 Mark für einen Fisch bezahlt. Aber gerade bei den jungen Koi kann man Glück haben und einen mit einer schönen Zeichnung finden. Bei guter Pflege wird es dann vielleicht ein echter Champion. Aus zehn Mark für den jungen Koi werden dann schnell einige tausend für den dreijährigen. Doch die richtig wertvollen Fische setzen die Japaner nicht gerne dem Streß einer Auktion aus. Der entsteht vor allem durch den Transport in der Plastiktüte und dem ungefilterten Wasser. Zudem könnten Krankheiten und Parasiten durch die vielen tausend angelieferten Fische eingeschleppt werden.

Nigata, im Norden der japanischen Hauptinsel Honshu, ist das Zentrum der Koi-Züchter. Mehr als 1000 Züchter finden sich in dieser kleinen Region. Im Winter liegt meterhoch Schnee. Früher waren dann die Bewohner von der Außenwelt abgeschnitten. Nahrungsmittel in Dosen gab es noch nicht, deshalb kamen die Reisbauern auf die Idee, in ihren Feldern Karpfen zu züchten. So hatten sie immer frischen Fisch direkt vor der Haustüre.

Im Jahre 1840 geschah es dann: Einige Karpfen sahen ganz anders aus. Sie waren fehlpigmentiert und schillerten bunt. Solche schönen Karpfen wollten die Reisbauern nun wiederum nicht essen. Also begannen sie, sie zu züchten. Nur um der

Schönheit willen. So startete die Koi-Züchtung im feudalistischen Japan der Samurai als Hobby der armen Reisbauern.

Einer der berühmtesten Koi-Züchter Japans ist Izumiya, seit 60 Jahren züchtet er schon. Vor 30 Jahren war er der Lehrmeister von Ogatas Sohn. Viele seiner Fische wurden Grand Champions. Sechs Jahre lernte Manabu Ogata bei Izumiya San, bevor er zusammen mit seinem Vater auf der Insel Fukuoka im Süden Japans eine eigene Koi-Farm gründete.

Solche leuchtend pigmentierten Karpfen wollen die Japaner auf keinen Fall essen. Außerdem: Mancher Koi bringt es auf einen Wert von 80 000 Mark. Ein etwas zu kostspieliges Mittagessen.

Für den Vater war es »Fischliebe auf den ersten Blick«. Für den Sohn, der die Arbeit vom Vater fortsetzen sollte, war es nicht immer ganz einfach. Täglich, wenn er von der Schule kam, mußte er zu den Koi laufen, um sie zu füttern. Schließlich war es dann auch bei ihm die »große Fischliebe«, allerdings auf den zweiten oder dritten Blick, und ihm wurden die Fische wichtiger als die Schule. Er ging nach Nigata, um die Koi-Zucht zu lernen. Sechs Jahre dauerte die Lehre. Dann baute der Vater seinem Sohn die ersten eigenen Becken vor dem Haus.

30 000 kleine hungrige Mäuler sind heute in dem großen Aufzuchtbecken. Aber die Fische machen sich offenbar keine Sorgen, denn sie werden von Ogata regelmäßig gefüttert. So wie er es schon immer seit seiner Schulzeit tat. Nach einigen Monaten sind sie 10–15 Zentimeter groß. Ihr Hunger allerdings ist wesentlich größer und kaum zu stillen.

Eine solche Farm hat ungefähr 40 Elternpaare unter den Koi. Und wenn die laichen, gibt das gleich massenweise Jungfische. Jedes Jahr etwa vier Millionen kleiner Koi. Laichzeit ist im Mai und Juni. Die jungen Fische werden nach 40 Tagen bei einer Größe von drei Zentimetern das erste mal selektiert. Dann wiederholt sich das Verfahren alle 20 Tage. Bis November sind nur noch 100 000 Fische in den Becken. Die Kunst des Züchters ist es, möglichst früh die Qualität zu erkennen. Und entscheidend für die Qualität der Fische ist die Wasserqualität.

Viele Koi werden später in die Naturteiche der Reisbauern gebracht. In der Natur gedeihen sie wesentlich prächtiger als in einem gekachelten Becken. Allerdings sind auch die Gefahren größer, beispielsweise durch Fischreiher. Und das könnte dann schon mal ein teures Appetithäppchen werden – bei den Preisen, die die Koi haben. Aber das weiß der Reiher nicht. Die Naturteiche sind die Wasserspeicher der Reisbauern. Sie dienen der Bewässerung der Reisfelder und eignen sich deshalb besonders zur Koi-Aufzucht, da man das Wasser zum Abfischen auch ablassen kann. Etwa 20 Meter tief ist der See bei normalem Wasserstand.

Fast 200 Koi hat Manabo Ogata vor acht Monaten in den See gegeben. Freunde, Nachbarn und gute Kunden helfen an diesem Morgen beim Abfischen der Koi. Einige Europäer haben schon letztes Jahr Koi gekauft, aber nicht mit nach Hause genommen. Sie wollten die Karpfen noch ein weiteres Jahr in der Obhut des Züchters lassen. Für sie ist nun die Spannung besonders groß. Haben auch alle ihre Fische überlebt, und wieviel sind sie gewachsen? Wenn sie sich gut entwickelt haben, sind ihre Fische nun das zehnfache Wert. Eine gute Kapitalanlage.

Die Wachstumsbedingungen im Süden Japans sind viel besser als in ihrem Ursprungsort, in Nigata. 25 Zentimeter Wachstum in einem Jahr ist keine Seltenheit. Das wärmere Klima bringt es mit sich, daß die Fische länger in den Naturteichen gelassen werden können und länger bei der für sie idealen Temperatur von 18–20 Grad große Strecken schwimmen können. Wird das Wasser zu kalt, funktioniert die Verdauung der Koi nicht mehr so gut, die Fische fressen weniger, und schließlich werden sie anfälliger für Krankheiten.

In Wassertanks werden sie auf LKW aus dem Naturteich wieder auf die Ogata-Farm transportiert. Dort angekommen werden die Fische je nach Größe und Qualität auf die Becken verteilt. Alles geht sehr schnell, um den Streß für die Fische auf ein Minimum zu begrenzen.

Jeder Koi ist wirklich einmalig. Es gibt niemals zwei völlig identische Fische. Aber man unterscheidet verschiedene Zuchtformen. Der rot-weiße Kohaku ist in Japan der beliebteste. Kommt Schwarz als dritte Farbe dazu, dann ist es ein Sanke.

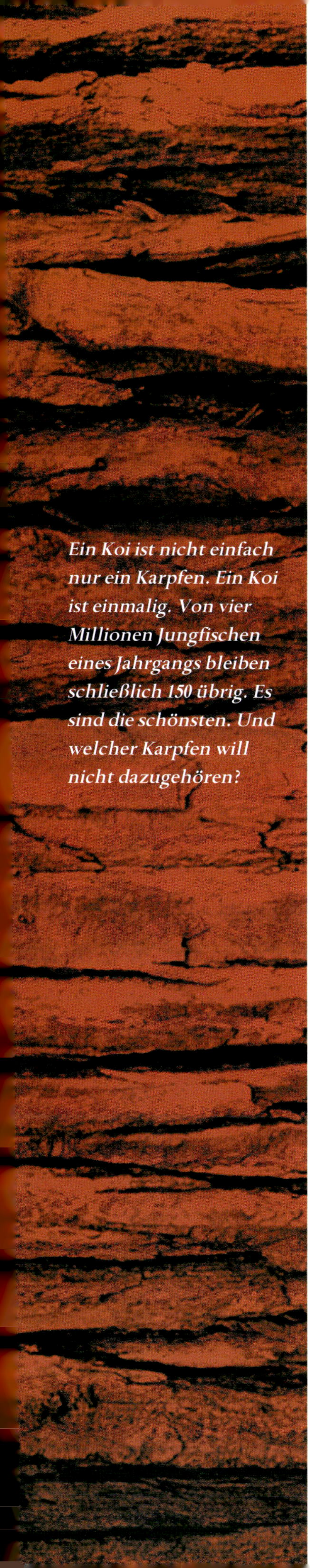

Ein Koi ist nicht einfach nur ein Karpfen. Ein Koi ist einmalig. Von vier Millionen Jungfischen eines Jahrgangs bleiben schließlich 150 übrig. Es sind die schönsten. Und welcher Karpfen will nicht dazugehören?

Die Schönheit eines Koi ist abhängig von seinem Rot. Erst wenn es ihm richtig gut geht, kann der Koi seine angeborene Schönheit voll entfalten. Einen kleinen Trick gibt es allerdings, damit ein rotgetupfter Koi noch ein wenig roter wird. Das Futter macht's. Der Koi kann den Farbstoff Rot nicht ohne weiteres in seinem Körper herstellen. Deshalb muß er mit dem Futter aufgenommen werden. Besonders wirkungsvoll ist das Plankton Spiralina. Wenn das dem Futter beigemischt wird, kann das Rot noch intensiver werden. Einen kleinen Nachteil gibt es allerdings: Das Futter liegt schwer im Magen und kann deshalb erst ab einer Wassertemperatur von 15 Grad gefüttert werden. Die Koi sind im Herbst am schönsten. Im Winter verblassen die Farben wieder etwas.

Die Koi sind schon lange keine rein japanische Liebhaberei mehr. In 20 Länder exportiert die Ogata-Farm ihre Fische. Die Händler aus Deutschland, Belgien und Großbritannien kommen jedes Jahr zum Abfischen der Teiche und suchen gleich nach der Ankunft auf der Ogata-Farm ihre neuen Fische aus.

Zum letzten Mal werden auf der Farm die Fische selektiert. Von den ursprünglich vier Millionen Jungfischen aus dem Jahrgang von vor drei Jahren sind nur noch 150 übrig geblieben. Aber eben die schönsten. Welcher Karpfen will nicht dazugehören?

Alle ausgesuchten und verkauften Koi werden fotografiert. Frau Ogata notiert den Preis und den Namen des Kunden zu jedem Foto. Mit solch einem Koi-Paßfoto läßt sich der Fisch immer wiederfinden. Ein Koi ist halt einmalig. Die im Netz zusammengetriebenen Fische sind ganz aufgeregt. Wer läßt sich schon gerne ständig herausfischen und fotografieren? Für den einen oder anderen Koi kann das so stressig werden, daß er glatt in Ohnmacht fällt. Aber die Kunden wollen die Fische nicht töten, sondern kaufen. Deshalb versuchen sie, den Streß für die Tiere möglichst gering zu halten.

Des Japaners liebster Koi ist – wie könnte es auch anders sein – der mit den Farben der Japan-Flagge. Ein möglichst runder, roter Punkt auf dem Kopf, auf weißem Grund, das ist ein Tancho Kohaku.

Ogata ist stolz, wenn er in die kleinen blauen Becken sieht, in denen er die Tiere präsentiert: »Alle Fische werden immer auf blauem Grund präsentiert. Auf Blau wirken die Farben am besten.«

Die Kunden, die extra aus Deutschland auf die Ogata-Farm gereist sind, um einen Koi zu kaufen, sind zunächst ziemlich ratlos. Es sind einfach zu viele unterschiedlich schöne Fische im Becken. Übrigens: Auch wer nicht so schön gezeichnet ist, kann ein wunderbarer Koi sein. Ein Chagoi zum Beispiel wird über einen Meter groß und ist besonders zahm. Wer also Kinder hat, so meint Ogata, muß unbedingt einen Chagoi haben. Der frißt aus der Hand.

Die Entscheidung für die Kunden aus Deutschland ist schwer. Es gibt einfach zu viele Juwelen unter den Karpfen. Wie soll man sich da entscheiden? Schließlich fällt die Wahl auf einen Chagoi. Der sieht aus wie ein geborener Champion. Und so mancher Koi in dieser Größe bringt es auf einen geschätzten Wert von rund 80 000 Mark. Doch letztendlich ist der Wert eines Fisches ein ideeller. Denn die Schönheit ist subjektiv.

Daß die Koi viel mehr als ein gutes Geschäft sind, erkennt man auch an dem Gedenkstein, der auf der Ogata-Farm an die gestorbenen Koi erinnert und auf dem zu lesen ist: »Wir bitten um Schutz für die verstorbenen Koi, und mögen ihre Seelen in das Nirwana eingehen.«

Die Koi jedenfalls lieben die Menschen. Sie wurden nicht enttäuscht und verloren so ihre Scheu. Den Japanern reicht es völlig, daß diese Fische einfach nur schön anzusehen sind.

DOC DOLPHIN

Zweieinhalb Jahrtausende lang wurde es als Märchen abgetan, daß Delphine Menschen retten. Bis es schließlich von Wissenschaftlern durch Versuche bewiesen wurde. Delphine mögen Menschen offenbar, helfen ihnen sogar. Heute macht man sich das in Therapien zunutze, wie beispielsweise bei autistischen Kindern. Erfolge gibt es manchmal – aber wie sie heilen, das ist noch völlig unklar.

Daß die Delphine auch dem kleinen Benny helfen können, davon sind seine Eltern überzeugt und haben sich von Deutschland aus auf die Reise nach Florida gemacht. Sie wollen für drei Wochen ins Therapiezentrum Dolphin Plus. Es ist eines von drei Zentren weltweit, in denen Therapien mit Delphinen durchgeführt werden. Untersucht werden sollen aber nicht nur die Patienten, sondern auch die Delphine, von denen man immer noch viel zu wenig weiß. Selbst ihre Herkunft und ihre Entwicklung sind noch nicht geklärt. Eine Theorie besagt, daß der Urvater an Land gelebt haben soll. Es könnte der Mesonyx gewesen sein, der eher aussah wie ein großer pelziger Hund. Irgendwann hat sich das Pelztier auf Fischfang im flachen Wasser spezialisiert. Fisch bekam ihm offenbar gut. Also ging es wieder zurück ins Wasser, evolutionsmäßig gesehen. Wie sich die frühen Delphine verständigt haben, weiß man nicht mit Sicherheit.

In Dolphin Plus erforschen zwei Biologen, was sich die Delphine so zu sagen haben. Dabei interessiert sie besonders die Kommunikation der Meeressäuger während der Therapie mit Menschen. Die Biologin Kathrin steht oft an den beiden großen Seitenarmen eines Kanals, in denen die Delphine schwimmen. Die beiden Seitenarme sind eigentlich mehr Ausbuchtungen, mit einfachem Maschendraht vom Kanal abgetrennt. Früher gab es einen Ausgang für die Delphine. Sie konnten herein und heraus, wie sie wollten. Aber auf die Art und Weise kamen die Biologen nicht zu ihren Daten. So wurde der Maschendraht geschlossen. Und Kathrin sammelt die Daten nur durch reine Beobachtung der Delphine.

Zunächst werden untrainierte Tiere untersucht. »Wir wollen einfach sehen, wie sie sich untereinander verhalten. Dazu lege

Überall auf der Welt gibt es Geschichten über die Beziehung zwischen Mensch und Delphin. Manche von ihnen sind mehr als 4000 Jahre alt. Meistens haben die Delphine die Menschen in den Geschichten vor dem Tod gerettet.

ich ein Rasternetz über das Becken und kann so die Bewegungen der Tiere genau aufzeichnen.«

Um die Delphine unter Wasser belauschen zu können, bereitet Karsten am Rand des Beckens die Unterwassermikrofone vor. Von Zeit zu Zeit steckt ein Delphin den Kopf aus dem Wasser und sieht sich an, was Karsten so treibt.

»Dadurch, daß Kathrin das Raster hat, kann ich später die Töne genau den jeweiligen Delphinen zuordnen.«

Durch Kombination von Tonaufzeichnung und Beobachtung der Tiere kann schließlich festgestellt werden, wer wann und mit wem am liebsten unter Wasser ›plappert‹.

Karsten hört zu und Kathrin schaut hin, welcher Delphin gerade zum Plappermaul wird. Hinhören und Hinsehen muß natürlich gleichzeitig passieren, sonst können die gemeinsamen Beobachtungen nachher nicht einem Delphin zugeordnet und damit auch nur schwer ausgewertet werden.

Während sich die Wissenschaftler den Kopf über die Sprache der Delphine zerbrechen, versucht Therapeut Bill mit Benny Kontakt aufzunehmen. Die Therapie beginnt nicht mit den Delphinen, sondern zunächst im Therapieraum, der geschmückt ist mit bunten farbenfrohen Bildern von Delphinen. Zur Auflockerung gibt es ein paar Seifenblasen, die Bill in den Raum bläst. Das hat nichts damit zu tun, daß der Raum in eine Unterwasserwelt mit Luftblasen umgewandelt werden soll. Benny soll lernen, seine Arme zu benutzen, um so später seine Wünsche und Entscheidungen mitteilen zu können.

Das Bild, an dem Benny sitzt ist, noch schwarzweiß – aber später soll es bunt werden. Dazu muß Benny die Farben wählen. Blau oder Gelb, das ist hier die Frage. Die Farben sollen Benny helfen, sich zu entscheiden. Und Bill möchte eine Reaktion aus dem kleinen Patienten ›herauskitzeln‹. Fast alle Kinder, die in die Delphintherapie kommen, können nicht mit ihrer Umwelt kommunizieren. Fehlender Augenkontakt, Sprachlosigkeit und geistige Abwesenheit erschwert es den Therapeuten, zu den Kindern vorzudringen. Eine ungewöhnliche, aber sehr erfolgreiche Unterstützung erhalten die menschlichen Therapeuten von ihren ›tierischen Kollegen‹. Bevor es allerdings ins Wasser zu den Delphinen geht, macht Therapeutin Deena eine Zeichensprache mit dem Kind aus.

Thies ist der zweite Patient im Therapiezentrum. Er kann nach einer schweren Krankheit im Alter von drei Jahren nicht mehr sprechen. Genauso wie Benny soll er im Laufe der Therapie lernen, sich mitzuteilen. Als Thies am Beckenrand erstmals die Delphine sieht, beginnt er herumzuzappeln, verzieht den Mund und guckt mit großen Augen: ganz schön groß, will er wohl sagen.

Der direkte Kontakt mit den Delphinen ruft bei vielen Kindern intensive Gefühle hervor. Verkrampfungen und Ängste lösen sich oft schon wenige Tage nach Beginn der Therapie. Das Schwimmen mit den Delphinen wird als Belohnung und Ansporn eingesetzt. Thies hat jetzt mutig die kleinen Beinchen im Wasser, und die Delphine kommen näher. Sie streifen die Beine des Jungen. Sich von einem Delphin unter den Füßen kitzeln zu lassen, erlebt man auch nicht alle Tage. Derweil stakst ein Fischreiher über den Steg. Er gehört sozusagen zum Inventar. Es ist Fred, und Fischreiher Fred überwacht die Therapie, oder ist es vielleicht die Hoffnung auf einen Fisch?

Die Delphine schubsen Thies, schlagen Purzelbäume und schauen aus dem Wasser, als ob sie seine Reaktion sehen wollten. Alle lachen. Das ist auch etwas, was viele Kinder bisher nicht erfahren haben: Alle freuen sich über sie und mit ihnen. Schließlich winkt ein Delphin mit der Flosse: ein Abschieds-

Das warme Wasser und die vorsichtigen Berührungen durch den Delphin lösen bei den Kindern Ängste und Verkrampfungen. Trotzdem wirkt der Delphin beim ersten Kontakt für die Kinder doch riesig groß. Wird er beißen?

gruß, denn für heute ist es genug. Höchstens 20 Minuten am Tag ist Doc Dolphin im Einsatz. Die Tiere sollen nicht zu sehr gestreßt werden.

Während die Delphine frei haben, drückt Benny noch die Schulbank. Auf einen Unterwasserblick braucht Benny dabei aber nicht zu verzichten, denn er hat sein eigenes Unterwasseraquarium – allerdings im Computer. Aber fürs erste ist die Trockenübung gar nicht so schlecht. Dazu steht jetzt noch auf dem Stundenplan, ein eigenes T-Shirt zu bedrucken. Das muß schon sein. Vor allem, wenn man selber bestimmen kann, wie es aussehen soll.

Mit Farben braucht man nicht zu sparen. Da darf ordentlich mit den Fingern in die Farbtöpfe gelangt werden und anschließend auf den Stoff. Keiner sagt: »Laß die Schweinerei.« Alle sagen genau das Gegenteil: »Prima ... das ist schön, mach weiter.« Für Benny eine verkehrte Welt. So werden Ängste abgebaut, und auch die Eltern bekommen die Möglichkeit, ihr Kind mit anderen Augen zu sehen.

Spielend lernt Benny, mit Bill und seinen Eltern zu kommunizieren. Nicht immer lassen sich die Kinder so begeistern. Manchmal heben sie nur einmal die Hand oder geben einen Laut von sich. Aber was ist das für ein Gefühl für die Eltern, wenn die Kinder das zum ersten Mal in ihrem Leben machen! Da ist die kleinste Handbewegung ein Riesenerfolg. Auch Therapeut Bill freut sich mit den Kindern.

»Für uns ist es wichtig zu erkennen, welche Fähigkeiten ein Kind besitzt, und nicht, welche Behinderung es hat. Und wenn die Eltern auch diese Fähigkeiten erkennen, schöpfen sie nach der Therapie wieder neuen Mut und Kraft.«

Deena, die neben Bill sitzt, nickt: »Außerdem soll die Arbeit im Klassenraum den Eltern zeigen, daß ihre Kinder auch ohne die Delphine lernen können und sie die Tiere nicht unbedingt als Ansporn brauchen.«

Delphine sind keine Fische. Als Säugetiere sind sie Lungenatmer wie wir und müssen daher auch immer wieder an die Oberfläche. Kranken Artgenossen helfen die Delphine, wenn sie zu schwach sind, um an die Oberfläche zu kommen. Offenbar scheint auch der kranke Mensch für die Tiere eine Art Delphin zu sein, dem man helfen muß. Jedenfalls spüren sie es, daß der eine oder andere Mensch sich nicht gerade wie ein

Fisch im Wasser fühlt. Wie sich die Delphine während der Arbeit mit den Kindern fühlen, wollen die beiden Biologen herausfinden. Diesmal muß Kathrin selbst als Versuchskaninchen herhalten. Sie sitzt am Beckenrand und bekommt einen kleinen wasserdichten Kasten auf den Rücken geschnallt: ein Aufzeichnungsgerät. Verschiedene Kabel führen zu Sensoren, die bei Kathrin Atmung und Puls messen. Das Gerät wurde speziell für das Forschungsprojekt der beiden Biologen in Florida entwickelt. Mit Hilfe eines Hydrophons zeichnet das Gerät außerdem die Töne der Delphine auf. Die so gespeicherten Daten können anschließend im Computer ausgewertet werden. Dabei interessiert besonders, ob die von den Delphinen ausgesendeten Schallwellen sich auf die Patienten auswirken. Denn bisher ist noch völlig unklar, warum diese Meeressäuger eine heilende Wirkung auf Menschen haben. Und manche Wissenschaftler glauben, daß Ultraschallwellen etwas damit zu tun haben. Während Kathrin mit den Delphinen schwimmt, nimmt das Gerät die Töne der Delphine auf und mißt gleichzeitig, ob ihr Körper auf sie reagiert.

Delphine senden wie Fledermäuse Ultraschallwellen aus, um sich zu orientieren. Die Schallwellen werden von Hindernissen zurückgeworfen, so daß der Delphin wie ein U-Boot mit Echopeilung zielsicher durch das Wasser gleiten kann. Menschen, mit denen sie in Kontakt treten, werden ebenfalls ›durchleuchtet‹. Delphine erkennen über ihr Sonarsystem sogar, ob eine Frau schwanger ist. Die Delphine schwimmen oft an Kathrin heran und beäugen fast argwöhnisch ihren Kasten auf den Rücken. Glück für die Biologen, denn jede ›Schallwelle der Verwunderung‹ wird aufgenommen und natürlich ausgewertet.

Die ›grauen Therapeuten‹ warten schon geduldig auf ihren Patienten. Doch bevor Benny zu Doc Dolphin ins Wasser steigt, muß auch er zunächst die Zeichensprache lernen. Schließlich soll Benny selbst bestimmen, was ihm Spaß macht und was nicht. Zur Begrüßung gibt es erstmal einen feuchten Handkuß. Der Delphin stupst die ausgestreckte Hand von Benny. Dem Jungen fällt die Entscheidung nicht schwer. Ganz klar – jetzt soll gespielt werden. Doch ein bißchen gewöhnungsbedürftig ist das Ganze schon. Und so ein Delphin ist aus der Nähe betrachtet doch recht groß. In Startposition gebracht, kann es jetzt losgehen. Gesichert durch Therapeutin Deena und Schwimmweste, läßt sich Benny ins Wasser gleiten. Das warme Wasser und die vorsichtigen Berührungen durch den Delphin lösen bei den Kindern Ängste und Verkrampfungen. Der direkte Körperkontakt hilft Vertrauen aufzubauen. Im Spiel mit den Delphinen werden die Kinder aufmerksamer und geben eher Signale an ihre Umwelt. Auch Benny wird durch die Delphine angespornt. Ist er zufrieden, lächelt er, paßt ihm etwas nicht, rümpft er die Nase. Eine vornehme, aber sehr verständliche Art und Weise.

Bill ist sehr zufrieden: »Benny hat mittlerweile gelernt, sich mitzuteilen. Durch Laute, durch seinen Gesichtsausdruck oder durch Berühren der Tafeln mit ja oder nein.«

Nach den anstrengenden Therapiestunden dürfen sich die Delphine ausruhen. Oft wollen sie aber noch einmal eine Schmusestunde mit »ihrer« Trainerin einlegen.

Das sind schon vier verschiedene Arten, zwei mehr als im vergangenen Jahr.

Nach beendeter Sprechstunde dürfen sich die Delphine austoben. Trainerin Lynn hält immer ein paar fischige Leckerbissen bereit. Welcher Delphin kann da widerstehen? Die Köpfe der Delphine recken sich aus dem Wasser. Vielleicht gibt's ja noch was, Lynn ist doch sonst nicht so. Zum Abschluß des Tages einen Extra-Abendbrot-Fisch, das wäre prima. Aber der Eimer mit den Fischen ist leider leer.

Der nächste Tag beginnt wieder genau so, wie er abends zuvor aufgehört hatte: Lynn hat wieder alle händevoll zu tun.

»Die kleinen Fische fressen die Delphine am liebsten. Und drei Eimer verdrücken sie davon ohne Probleme. Aber es gibt zusätzlich immer ein Pfund mehr am Tag, für die Vögel. Vorsichtshalber!«

Thies sitzt schon am frühen Morgen neben der Therapeutin Deena am Beckenrand. Nach wenigen Tagen kann er sich schon besser konzentrieren. Aufmerksam hört er Deena zu. Und das Zeichen für Spielen schüttelt er mittlerweile locker aus dem Handgelenk. Spielen kann aber auch manchmal ganz schön anstrengend sein. Und immer diese Entscheidungen ... Deena hält Thies ein Bild hin, auf dem verschiedenfarbige Fische gezeichnet sind. Deena zeigt auf den Eimer mit den Fischen und dann auf den Fisch im Bild. Thies sieht nachdenklich aus. Klar ist das ein Fisch – weiß er doch

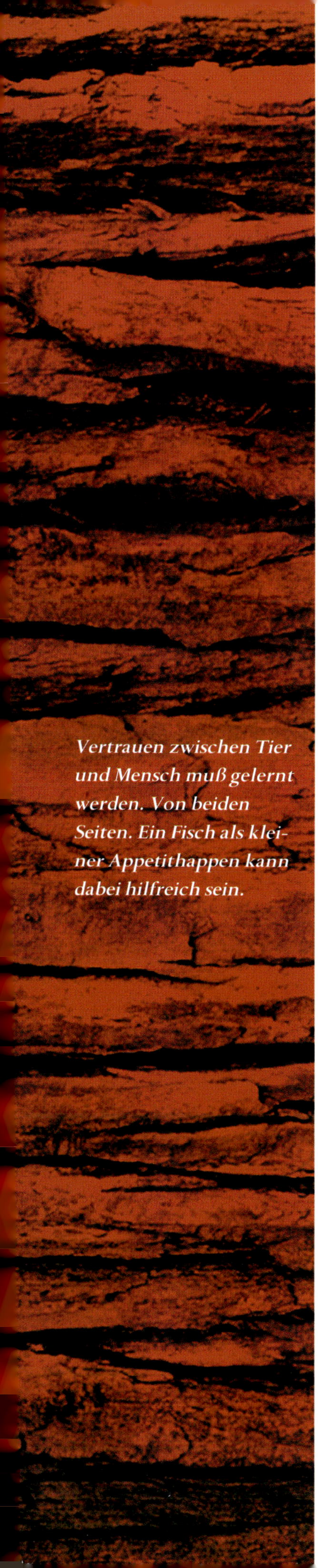

Vertrauen zwischen Tier und Mensch muß gelernt werden. Von beiden Seiten. Ein Fisch als kleiner Appetithappen kann dabei hilfreich sein.

schon. Irgendwie scheint ihn aber die Farbe zu irritieren. Ja – gibt es denn knallrote Fische? Blaue Fische findet Thies irgendwie besser. Okay – der ist zwar blau, aber Delphine sind doch nicht blau, oder? Nee, nee, und rot schon mal gar nicht.

Thies, wieder gesichert mit Weste, gleitet ins Wasser. Diesmal ist er viel ausgeglichener. Mit den Augen sucht er stärker Kontakt zu seiner Umgebung. »Bitte«, sagt er plötzlich – ein kleines Wort, aber ein riesiger Erfolg für Thies. Zum ersten Mal seit fast vier Jahren hat er wieder ein Wort gesprochen. »Bitte« – er möchte jetzt mit den Delphinen schwimmen.

Die Freude bei Eltern und Betreuern ist unglaublich groß. Thies läßt den Delphin nicht mehr aus den Augen. Offenbar haben das auch die Delphine gemerkt. Sie schießen aus dem Wasser heraus und springen in hohen Bögen durch die Luft. Auch Therapeutin Deena ist von diesem Erfolg überwältigt: »Er war einfach der Beste. Er war toll. Er war einfach klasse.«

Bei Dolphin Plus leben die Delphine ausschließlich in Freigehegen. Bevor die Meeressäuger allerdings den Therapeuten helfen konnten, wurden sie auf ihre Arbeit vorbereitet. Die Erfolge bei der Therapie mit den Kindern sind mit Sicherheit auch nicht nur auf die Delphine zurückzuführen. Das warme Wasser, das angenehme Klima Floridas, die neue Umgebung, das hilft ebenfalls, Gefühle freizusetzen und daher den kleinen Patienten zu helfen.

Im Labor kommen alle Fakten zusammen. Die Forscher Kathrin und Karsten wissen noch nicht, ob sie über ihre Ergebnisse jubeln können. Die Daten müssen zunächst zusammengefaßt und ausgewertet werden. Auf dem Computerbildschirm erscheinen verschiedene Kurven. Es sind die aufgezeichneten Laute. Und vielleicht ist es ja mehr. Vielleicht haben sie auf dem Computer eine Sprache in Zeichen umgesetzt, und die müssen noch entschlüsselt werden. Das Problem dabei: Die Delphine beherrschen ganz unterschiedliche Töne und Frequenzen. Gerade die sogenannten Klicks sind von großem Interesse für die Forscher, da die Töne im Ultraschallbereich liegen. Vielleicht haben sie deshalb eine nachweisbare Wirkung auf Menschen.

Bisher hat noch niemand untersucht, wie sich das Verhalten von trainierten Delphinen in der Therapie gegenüber dem von untrainierten Tieren unterscheidet. Kathrin beobachtet deshalb immer wieder gespannt die Bewegungen der Meeressäuger. Was die Wirkung der Delphine auf die kleinen Patienten betrifft, so vermuten die Wissenschaftler, daß die Ultraschallwellen eine Wirkung auf die Gehirntätigkeit der Patienten haben. Aufschluß darüber geben die Daten jedoch erst nach Abschluß der Forschungsarbeiten. Tabellen mit Daten müssen erstellt werden, die wiederum mit bereits existierenden Daten verglichen werden. Nur so läßt sich etwas über die Sprache der Delphine herausfinden. Eine mühselige Tätigkeit, die so gar nichts von einer romantischen wissenschaftlichen Arbeit unter Palmen hat. Trotzdem wissen die Forscher auch, daß sie es mit Delphinen in Gefangenschaft zu tun haben. Ihr Traum ist es, die Tiere in freier Natur beobachten zu können. Denn dort gehören sie hin, in ihr ursprüngliches Umfeld. Auch wenn sie uns helfen können, sollten wir nicht versuchen, sie zu besitzen, sie zu Gefangenen zu machen.

Delphine zählen zu den intelligentesten Säugetieren. Und schon im Altertum waren sie das Symbol der Götter. Aber göttliche Fähigkeiten haben sie nicht. Sie sind Wesen der Natur, und es ist schön, daß wir mit ihnen ohne Angst und Aggression leben können.

TIGERSPUREN IN DER TAIGA

Der König der Taiga ist oft nur noch ein gestreifter Kassenschlager in den Zoos. Statt 3000 Quadratkilometern Taiga als Jagdrevier fristen sie ein jämmerliches Dasein auf 30 Quadratmetern hinter Gittern. In der Taiga wird er gejagt, die Chinesen machen aus ihm obskure Heilmittel.

Wir sind unterwegs in der russischen Taiga, dem größten zusammenhängenden Waldgebiet der Erde, in Rußland. Heimat des Amur-Tigers. In diesem riesigen Gebiet ist die erste russische Anti-Wilderer-Brigade im Einsatz. Sie soll vor allem den Sibirischen Tiger vor Wilderern schützen, damit sich in wenigen Jahren nicht nur noch Spuren der größten Raubkatze im Sand finden. Denn inzwischen leben mehr Sibirische Tiger in Zoos als in freier Natur. Es hört sich grausam an, aber zumindest hinter Gittern ist das Überleben gesichert. Der König der Taiga ist die Attraktion für Besucher, ein gestreifter Kassenschlager. Statt Wildnis, ein Käfig. Statt 3000 Quadratkilometern Taiga als Jagdrevier sind jetzt 30 Quadratmeter hinter Gittern das ganze Leben. Eine Form des Artenschutzes, doch was dann in ein paar Jahren bleibt, ist eine Art Raritätenkabinett. Denn die Tiere lassen sich in Gefangenschaft nicht züchten und später auswildern. Noch nie ist es gelungen, einen Tiger wieder in die Freiheit zu entlassen.

Sibirische Tiger, oder besser Amur-Tiger, sind Einzelgänger. Nur wenn es um den Nachwuchs geht, verbringen sie einige Tage zusammen. Dann paaren sie sich fast alle 20 Minuten. Diese Potenz könnte für den Amur-Tiger das Todesurteil sein. In Asien werden der Raubkatze aufgrund dieser Potenz wahre Wunderkräfte zugeschrieben. Ein Tigerpenis gilt in Fernost als Delikatesse. Der Glaube an die Heilkräfte der Natur ist im Reich der Mitte tief verwurzelt. Ein Gang über einen traditionellen asiatischen Markt ist oft wie der Gang durch ein Horrorkabinett der Natur. Oder etwas gelinder gesagt: Für Europäer sind die Auslagen fremdartig: getrocknete Seepferdchen, Antilopenhörner und ... Tigerpenisse! Das Potenzmittel der Chinesen. Tigerknochen heilen Rheuma, Barthaare helfen gegen Zahnschmerzen. Ob es wirklich hilft, weiß keiner, hier heilt der Glaube daran.

Wladiwostok, die Provinzhauptstadt in Russisch-Fernost, liegt gleich an der Grenze zu China. Die Hafenstadt gilt als Umschlagplatz für Tigerknochen. Bis zu 5000 Dollar für ein einziges Tier ist der aktuelle Marktwert. Summen, von denen die Männer der Anti-Wilderer-Brigade nur träumen können. Die kleine Gruppe ehemaliger Marinesoldaten steht unter dem Befehl von Wladimir Schetinin. In einem kleinen Büro mit Blick auf den Hafen treffen sich die Männer. Sie planen wieder einen Einsatz zur Rettung der Tiger. Die Operation Amba – benannt nach einem alten Tigergott der Ureinwohner Sibiriens – wird bis ins Kleinste geplant. Die Fäden zieht der 58jährige Schetinin. Der graubärtige Kosake ist die uneingeschränkte Autorität. Seine Männer respektieren ihn. Der Einsatzplan ist wie immer streng geheim. Niemand soll wissen, wo die Ranger als nächstes zuschlagen.

Am nächsten Tag verzögert sich die Abfahrt. Es geht um das Benzingeld. Die Brigade ist auf Devisen angewiesen. Die Finanzierung der Wildhüter durch den World Wide Fund for Nature, kurz WWF, ist

In der Taiga haben Mensch und Tiger die gleiche Vorliebe für Fleisch. Der Besitz einer Kuh bedeutet in der Taiga sehr viel. Eine Kuh ist aber auch ein Beutetier für den Tiger.

Entwicklungshilfe in Sachen Tierschutz. Jeder Rubel zählt. Es reicht allerdings nie so recht für größere Operationen. Die russischen Behörden haben andere Sorgen als den Tierschutz, und vor allem kein Geld. Da haben es die Ranger gar nicht so schlecht. Die Männer haben einen Job mit einem Gehalt von rund 300 Dollar im Monat. Das ist mehr als der Durchschnittslohn in Rußland.

Bis zu drei Wochen sind die Männer auf ihrer Patrouille durch die Wälder unterwegs. Auf schlechten Schotterpisten fahren die Ranger zu ihrem Einsatzort, Stunde um Stunde. Auf ihren Geländewagen singen sie alte russische Lieder, um sich die Zeit zu vertreiben. Die Weite der Taiga besangen schon die Schamanen der Vorfahren der Männer, als es noch mehr als 800 Tiger gab. Der Wald wird dichter. Das Grenzgebiet zwischen Rußland und China ist die eigentliche Heimat des Sibirischen Tigers, nicht Sibirien.

Die Amba-Brigade erreicht ein kleines Dorf. Ein paar Hütten aus Holz, sonst nichts. Die Menschen leben von dem, was die Natur für sie hergibt. Schetinin hat einen Imker im Verdacht zu wildern. Seine Leute durchsuchen das Haus und den kleinen Garten, aber erfolglos. Plötzlich nähert sich der alte Imker. Ein bellender Hund springt um ihn herum. Der alte Imker ist ganz aufgeregt: »Schon seit Tagen streicht ein Tiger um meinen Hof. Gestern Nacht hat er zwei meiner Hunde gefressen. Es gibt eine Menge

Tigerspuren, ein Stück den Weg runter.« Wladimir Schetinin glaubt dem Imker und folgt ihm zu der Stelle, wo er die Tigerspuren gesehen hat. Schetinin hockt sich hin, sieht sich den Boden genau an: »Die Spuren sind frisch. Es ist ein Weibchen, das erkennt man an den Abdrücken. Sie ist nicht gerannt oder gesprungen, sondern ganz ruhig gelaufen.« Die Pranken haben einen Durchmesser von zehn Zentimetern.

»Hier sind Spuren von gestern, vor dem Regen, und ganz frische von heute, nach dem Regen, keine Stunde alt.« Der Imker fragt besorgt, wie groß denn so ein Tiger ist?

»Na, ich schätze ... vielleicht so.« Dabei hält Schetinin seine rechte Hand weit über seinem Kopf. »Aber das ist schwer zu sagen. Eventuell drei Meter lang. Wenn er sich aufrichtet, um sich die Krallen zu schärfen, ist er ganz bestimmt viel größer als wir. Ziemlich imposant auf jeden Fall. Die Tigerin ist wahrscheinlich immer noch in der Nähe. Möglicherweise hat sie Junge und hält sich deshalb länger in dieser Gegend auf.«

Vielleicht beobachtet der Tiger gerade jetzt die Amba-Ranger. Es raschelt im Unterholz. Die Männer springen zurück und halten die Gewehre im Anschlag. Aber was aus dem Unterholz kommt, ist eine Schlange. Eine Elefanten-Natter – völlig ungiftig und ganz harmlos, wie uns einer der Ranger, Wladimir Nikolajewitsch Djukow, sichtlich amüsiert versichert.

Inzwischen bereitet sich Alexander, der Fahrer, auf die nächste Etappe vor. Es geht noch tiefer in die Wildnis. Die Amba-Ranger

Etwa 250 Tiger durchstreifen die Wälder im russischen Fernen Osten. Das wurde bei einer Zählung anhand von Tigerfährten festgestellt. Die Zählung wurde extra im Winter durchgeführt, da die Tigerspuren im Schnee besser zu erkennen sind.

haben neben den Tigerspuren auch frische Reifenabdrücke entdeckt. Auf diesen Schlammwegen hat die Brigade in den letzten Monaten drei LKW-Reifen verloren. Aufgeschlitzt durch spitze, scharfe Fangeisen, die von Wilderern ausgelegt werden. So halten sie die Ranger auf und gewinnen Zeit zur Flucht. Aber Schetinins Männer wissen inzwischen, wo sie suchen müssen.

Die Ranger haben in der Nähe eine kleine Hütte entdeckt – einen Unterschlupf der Wilderer. Ihre Wachposten können hinter jedem Baum, hinter jedem Busch lauern. Die Ranger gehen hintereinander immer tiefer in den Wald, sichern ständig nach links und rechts. Alexander Grudschew hat jetzt das Kommando. Die Richtung stimmt. An den Bäumen sind Zeichen der Wilderer: Markierungen ihrer geheimen Wege. Dann taucht die Hütte auf …

Sie ist leer, wurde aber sicher vor noch nicht allzulanger Zeit benutzt. Die Anspannung läßt nach. Man merkt den Männern die Enttäuschung an. Sie hätten die Wilderer gerne geschnappt. Besonders Alexander ist enttäuscht: »Bereits vor einigen Wochen haben wir sie hier überrascht. Wir schlichen uns über den Hügel an, wurden aber im letzten Moment entdeckt, und die Wilderer konnten fliehen.«

Alexander sucht weiter auf der Lichtung nach Spuren der Wilderer. Er entdeckt eine Grube, die als Vorratslager für das Fleisch dient. Ein Holzgestell mit Blutspuren ist ganz in der Nähe der Grube: »An diesem Gestell bluten die geschossenen Tiere aus. Die Hirschgeweihe werden einfach an dem Holzstamm aufgehängt.«

Schließlich entdecken die Wildhüter noch einen gut getarnten Hochsitz. Nur zu erkennen an den abgesägten Ästen.

»Sie töten das Wild, das hierher kommt, um Salz zu lecken. Dadurch schießen sie dem Tiger die Beute weg. So oder so töten sie den Tiger.«

Vorsichtig, ohne Spuren zu hinterlassen und so die Wilderer zu warnen, ziehen die Ranger weiter. Auf der Straße kontrollieren die Ranger die Fahrzeuge und die Papiere der Fahrer. Sie hoffen, einen Wilderer beim Transport seiner Beute zu erwischen. Fast alle halten die Amba-Brigade für eine der gefürchteten Anti-Mafia-Einheiten und sind froh, wenn sie endlich weiterfahren dürfen.

Keiner von Schetinins Männern hat sich zuvor besonders für Tierschutz interessiert. Heute riskieren sie ihr Leben, um den Amur-Tiger zu retten. Jedes Jahr kontrollieren die Amba-Leute Tausende von Fahrzeugen und Jagdlizenzen; verbotene Waffen, Felle und Knochen stellen sie sicher. Unter den Bewohnern der Taiga spricht es sich herum, daß das Risiko größer geworden ist, beim Wildern erwischt zu werden. Denn alle, die in der Taiga leben, jagen und fischen in den Wäldern – mit oder ohne Genehmigung. Dabei kommt es, gewollt oder ungewollt, zu Begegnungen mit Tigern, wie Schetinin berichtet:

»Meistens sind es die Menschen, die den Tiger angreifen. Erst vor kurzem gab es so eine Geschichte. In der Taiga begegnete ein Jäger einem Tiger. Vielleicht jagten beide die gleiche Beute. Vielleicht hatte der Jäger nur Angst, oder er wollte den Tiger töten. Aus etwa 20 Metern Entfernung feuerte er auf das Tier, obwohl der Tiger offenbar gerade flüchten wollte. Das Tier wurde durch den Schrot nur leicht verletzt und griff jetzt den Jäger an. In drei Sprüngen war er bei dem Wilderer, brach ihm mit zwei Prankenhieben Arme und Beine. In der Taiga ein Todesurteil. Der Mann verblutete. Das Tier verschwand und streift noch heute durch diese Gegend. Es ist nicht verletzt oder bösartig, deshalb gibt es keinen Grund für uns, das Tier zu jagen und zu töten.«

Die Amba-Ranger sind auf dem Weg zu dem kleinen Taiga-Dorf Laszo. In der Umgebung werden immer wieder Tiger

Tiger schleichen sich auf ihrer Jagd bis zu zehn Meter an die Beute heran, um sie dann mit einem mächtigen Satz zu packen. Ein Biß in die Kehle tötet die Beute sofort.

gesehen, das wissen die Männer der Brigade. Schetinin trifft in dem Dorf auf die Biologin Galina Salkina. Sie hat ein Tuch in der Hand, das sie vor Schetinin auf der Motorhaube seines Geländewagens öffnet: Tigerknochen. Sie erzählen von einem gewaltsamen Tod. Das Tier wurde angeschossen und verendete in der Nähe des Dorfes, erzählt Galina Salkina. Im Auftrag des WWF erforscht die Biologin die Lebensweise der Amur-Tiger. Und immer häufiger kommt es zwischen Mensch und Tiger zu solchen unheilvollen Begegnungen.

Galinas Gruppe gelangen einmal in der Nähe des Dorfes sehr seltene Aufnahmen mit ihrer eigenen Videokamera. In der Dämmerung ist ein großer Tiger zu sehen. Er schleicht durch das Unterholz. Vorsichtig tastet er sich weiter. Tiger sind Nachtjäger. Sie schleichen sich bis zu zehn Meter an ihr Opfer heran, um es dann mit einem plötzlichen Satz zu packen. Ein Biß in die Kehle tötet die Beute. Dieser Tiger hat ein Pferd gerissen. In der Dämmerung kehrt er zu dem Kadaver zurück. In der Taiga haben Mensch und Tiger die gleiche Vorliebe für Fleisch. Der Besitz einer Kuh bedeutet in der Taiga sehr viel. Eine Kuh ist aber auch durchaus ein Beutetier für den Tiger. Zwar gibt es Entschädigungen für jede vom Tiger getötete Kuh, aber der Verlust ist nicht immer zu ersetzen. Dagegen ist in jedem Dorf der Taiga bekannt, daß ein toter Tiger ein paar Tausend Dollar bringt.

Wladimir Schetinin war in dem Dorf Laszo erfolgreich. Die Bilanz: ein Reh beschlagnahmt, zwei wildernde Milizionäre verhaftet. Ein örtlicher Milizoffizier erscheint – der Vater eines der Wilderer. Er versucht zu beschwichtigen und, als das nicht klappt, Schetinin unter Druck zu setzen. Doch der kennt das Spiel.

»Wir sind schon auf dem Weg hierher von der Miliz aufgehalten worden. Sie versuchten, den Vorfall runterzuspielen. Genauso wie der Milizoffizier. Schließlich haben wir zwei ihrer Leute, darunter seinen Sohn, beim Wildern überrascht. Doch als der Milizoffizier hörte, was passiert ist und daß sein Sohn die Beute und eine illegale Waffe hatte, hat er gemerkt, daß die Wilderei nicht zu vertuschen ist.« Schetinin, der alte

Kosake, brummt wie ein Bär vor sich hin und nickt stumm. Er weiß, daß der Kampf gegen die Wilderei zugleich auch immer ein Kampf gegen das System und die Korruption ist.

Es ist übrigens gar nicht so einfach, einen Amur-Tiger zu sehen. Selbst die Ranger haben, bis auf Schetinin, noch nie einen Tiger erblickt. Er erzählt gerne von den Begegnungen mit dem König der Taiga.

»In meinem ganzen Leben habe ich nur vier Mal einen Tiger gesehen. Das erste Mal, 1979 – ich war damals Jagdaufseher –, streifte ich durch den Wald, und plötzlich, ganz nah vor mir, sah ich einen Tiger im Dickicht verschwinden. Obwohl ich bewaffnet war, hatte ich Angst. Die anderen Male beobachtete ich die Tiere nur aus großer Entfernung. Und das war unglaublich faszinierend.«

Vielleicht waren es nie mehr als 800 Tiger, die das Gebiet zwischen den Flüssen Amur und Ussuri im fernsten Osten Rußlands durchstreiften. Noch gibt es 250 Tiere, aber es werden immer weniger. Ob der König der Taiga das nächste Jahrtausend erlebt ist nicht sicher. Siebzehn Tigerfelle haben die Amba-Ranger in zwei Jahren beschlagnahmt. Niemand von ihnen kann verstehen, daß diese faszinierenden Tiere aus Geldgier getötet werden.

Am Flußufer brennt ein Feuer. Die Flammen schlagen hoch. Die Ranger kommen stumm auf das Feuer zu. Sie haben wieder ein Tigerfell beschlagnahmt. Sie wollen es verbrennen, damit kein Mensch sagen kann, sie würden die Felle nur beschlagnahmen, um dann selbst das Geschäft zu machen. Ein merkwürdiger Trauermarsch in der Taiga. Sie legen das gelb-schwarz gestreifte Fell in die Flammen. Das Fell zieht sich durch die Hitze des Feuers zusammen. In solchen Momenten fühlen sich Alexander, Wladimir, Sergej und Pjotr hilflos und im Stich gelassen ...

Der beißende Geruch des versengten Fells liegt in der Luft. Wladimir Schetinin und seine Männer werden den Kampf nicht aufgeben. Sie wachen weiter über die Taiga im fernen Osten Rußlands, damit der Amur-Tiger eine Chance hat. Sie kämpfen nicht nur für das Überleben einer Art, sondern auch gegen die Profitgier.

Die Amba-Ranger sind traurig und wütend zugleich, sie kamen zu spät. Von dem einst prächtigen Tier ist nur noch das Fell übrig. Die Männer wissen, daß sie um jeden Tiger kämpfen müssen, damit die Art erhalten bleibt.

WATSON UND DIE GEBÜRSTETEN ROBBEN

Der Captain und sein Schiff. Beide sind heute legendär: Wenn die Sea Shepherd mit Watson am Horizont auftaucht, ist Ärger programmiert. Entweder mit den Robbenjägern oder der Küstenwache.

Es sieht nicht unbedingt so aus, als ob Robben und Bären verwandt wären, doch sie sind tatsächlich so etwas wie Mitglieder einer großen Familie. Und während die Seehunde in der Nordsee eher selten geworden sind und sich zum Ausruhen eine gemütliche Sandbank suchen, legen sich die Sattelrobben lieber aufs Eis: in der Arktis. Aber – in Kanada werden die Sattelrobben jedes Jahr erbarmungslos gejagt. Doch es gibt einen »Seebären«, der sich mit aller Kraft für das Leben der Robben einsetzt: Paul Watson. Er hatte eine ganz besondere Idee, und deshalb stach er mit seinem Schiff von Neufundland aus in See – auf die Reise zu den Sattelrobben.

Wo immer die Sea Shepherd am Horizont auftaucht, erregt sie Aufsehen, und das liegt nicht unbedingt an der Totenkopfflagge. Paul Watson ist Chef an Bord. Der 53jährige ist auf allen Meeren der Welt zuhause. Sein Kurs liegt an: Es geht ins eisige Land der Sattelrobben. Holly, die Rudergängerin, genießt die letzten ruhigen Minuten. Und Malvina, eigentlich Malerin, hat auch an Bord Pinsel und Farbe dabei. Wenn nichts anderes zu tun ist, verschönert sie das Schiff mit Tierporträts. Das Wetter ist gut. Zu gut. Und viel zu warm. Mindestens 20 Grad kälter müßte es sein. Normalerweise ist alles von dickem Eis bedeckt. Jeder an Bord hängt den eigenen Gedanken nach, während Kap Breton im Abendlicht zurückbleibt.

Über Nacht hat plötzlich das rauhe Klima die Sea Shepherd eingeholt. Das Schiff hat die Treibeisgrenze erreicht. Der dicke Eispanzer läßt das Deck märchenhaft verwunschen aussehen. Paul Watson macht sich Sorgen. Die Wettervorhersage klingt nicht gut. 80 Prozent weniger Eis in diesem Jahr, das heißt auch: weniger Robben. Angespannt sucht jeder auf der Brücke den Horizont ab. Das Eismeer um den Sankt-Lorenz-Strom ist schließlich die Kinderstube der Sattelrobben, die jedes Jahr hierher kommen, um ihre Jungen zur Welt zu bringen. Dann endlich die Meldung:

»Captain Watson! Da ist eine Baby-Robbe!« Chris, der Ausguck am Bug, hat das erste Baby entdeckt. Paul ist erleichtert. Auf einmal sind sie überall. Mütter und ihre Jungen erholen sich von den Strapazen der wenige Tage zurückliegenden Geburt. Einige tauchen vorsichtshalber ab. Denn normalerweise sind es nicht Tierschützer, die sich in diese Gegend verirren, sondern Robbenjäger. Für die Crew der Sea Shepherd gibt es jedenfalls einen robbigen Willkommensgruß: einen Winkgruß mit der Flosse und das typische »Öh-öh« der Robben. Das Boot mahlt sich weiter durch das Eis. Captain Watson entscheidet sich dafür, weiterzufahren. Denn noch ist das eigentliche Gebiet der Sattelrobben nicht erreicht.

Sattelrobben bringen nur ein Junges pro Jahr zur Welt, das bei der Geburt rund zehn Kilo wiegt. Wegen ihres weißen Fells werden sie auch »Whitecoats« genannt. Die Jagd auf sie ist verboten. Zwei Wochen sind sie völlig hilflos, können nicht einmal schwimmen. Danach beginnt sich langsam das Fell zu verfärben und auszufallen. Zerflaust, als würden sie Lumpenjacken tragen, nennt man sie jetzt »Ragged jackets«. Das Teen-

Haarpflege im Friseursalon Lisa. Die Mitarbeiterin von Watson bürstet der jungen Robbe die Haare aus dem Fell, die sie sowieso verlieren würde. Diesmal ist Haarausfall ausdrücklich erwünscht.

ageralter der Jungrobben bricht an. Mit drei bis vier Wochen beginnen sie sich abzukapseln. Kein Wunder. Bald beginnt das Eis zu schmelzen, und spätestens dann müssen sie auf eigenen Flossen stehen. Sie können bis zu 30 Jahre alt werden. Die sattelartige Fellzeichnung gibt ihnen ihren Namen. Ausgewachsen sind sie rund 170 Kilo schwer und können 250 Meter tief tauchen. Eine reife Robbenleistung.

Aus dem Krähennest, einem Korb am höchsten Mast der Sea Shepherd, ist der Ausblick faszinierend, aber auch notwendig. Die Suche gilt Robbenjägern. Denn die offizielle Jagdsaison hat begonnen. Auch ein Grund, weshalb Watson seit 13 Jahren in diesen Gewässern kreuzt. Schon immer galt sein Kampf dem Ende der grausamen Robbenjagd: »Ich kämpfe jetzt seit mehr als 30 Jahren gegen die Robbenjagd. Und ich weiß nicht, wie lange ich noch weitermachen muß. Aber solange sich nichts ändert und wir nicht lernen, in Harmonie mit der Natur zu leben, solange wird Tier um Tier von der Erde verschwinden. Das ist nicht die Welt, die ich meinen Kindern und Enkeln hinterlassen will.« Doch Paul weiß, daß Protest allein die Tiere nicht schützt. Deshalb hat er diesmal etwas Besonderes vor.

Die wenigen offenen Stellen in der Eisdecke sind so etwas wie Schwimmschulen. Jungrobben sehen sich von der Scholle die Wasserlöcher an und scheinen nicht gerade angetan von dem Gedanken, einen großen Teil ihres Lebens in diesem lausig kalten Wasser zu verbringen. Da müssen die Mütter schon gut zureden oder auch ein wenig schubsen. Bei den ersten Versuchen geht alles glatt. Doch plötzlich scheint an einem Wasserloch, nicht weit entfernt von der Sea Shepherd, etwas nicht mehr zu stimmen. Minutenlang versucht ein Baby vergeblich, wieder aus dem Loch zu klettern. Seine Bewegungen werden immer langsamer. Chuck, der Erste Offizier, hält es nicht mehr aus und wagt einen Rettungsversuch. Er greift nach dem Baby, was nicht gerade einfach ist. Und dann taucht auch noch die Mutter auf, versteht die Situation nicht und hält Chuck für einen Feind. Sie versucht ihn zu beißen. Chuck ist schneller, kann den Angriffen ausweichen, und schließlich gelingt es ihm, den Kleinen rauszuziehen. Die Robbenmutter bellt noch kräftig in Richtung Chuck. Undank ist offenbar aller Robbenretter Lohn. Egal – das Ergebnis zählt.

Das Wetter wird schlechter, und die kanadische Küstenwache ist plötzlich am Horizont aufgetaucht. Für die Polizei ist Watson so etwas wie der Staatsfeind Nummer Eins. Er ist für seine Überzeugung, den Tieren zu helfen, nie einem Problem aus dem Weg gegangen. Aber jetzt hat er mit seinem Schiff erst einmal andere Sorgen als die Küstenwache. Das Navigieren im dicken Eis ist schwierig. Die Sicht ist zudem schlecht geworden, und die Robben sind diesmal im Weg. Mit einem großen Schiff einer Robbe auszuweichen ist eher schwierig. Auf der Brücke herrscht höchste Konzentration. Die Sea Shepherd ist zwar eistauglich, aber längst kein Eisbrecher. Sie läßt sich immer schwerer steuern. Watson entscheidet sich, einen Teil der Mannschaft auf Robbenpatrouille zu schicken. Schließlich soll die Sea Shepherd nur das Eis zermalmen und nicht die Robben. Chris steht am Bug und hält Funkkontakt. Die beiden Mannschaftsmitglieder auf Patrouille müssen den zahlreichen Eisspalten ausweichen. Endlich sind sie auf Umwegen bei den Robben angelangt, die dem Schiff im Weg liegen.

Eine Robbe zu tragen ist alles andere als einfach. Aber auch diese Aktion klappt nach einigen Ausrutsch-Versuchen. Einmal erwischen sie ein Robbenbaby, das durch eine große Eisspalte von der Mutter getrennt wurde. Die Patrouille schafft es, das Baby wieder zur Mutter zu bringen. Die Familienzusammenführung nimmt ein glückliches Ende. Wenn Robben reden könnten, wären die beiden sicher sprachlos.

Als der Tag zu Ende geht, taucht das Unheil am Horizont auf. Langsam schiebt sich der Eisbrecher der kanadischen Küstenwache hinter dem Mast vor. Das Schiff verfolgt die Sea Shepherd schon einige Stunden, hält aber immer den gleichen Abstand. Eines ist klar: Watson steht unter Beobachtung.

Nachts in seiner Kabine führt er sein persönliches Logbuch, Erinnerungen an ein aufregendes Leben: »Alles fing 1975 an. Damals hatte ich meine erste Auseinandersetzung mit der russischen Walfangflotte. Wir hatten die Idee, mit kleinen Schlauchbooten zwischen Harpunen und Wal zu fahren. Also steuerte ich das Boot vor den Walfänger. Wahnsinn, direkt vor uns der Wal und hinter uns das 50 Meter lange Fangschiff, das mit 20 Knoten auf uns zustampfte! Jedes Mal, wenn er schießen wollte, schob ich mich dazwischen. Plötzlich gab es eine laute Explosion, und direkt über unsere Köpfe flog die Harpune und traf den Wal im Rücken. Der schrie. Und in seinen Augen sah ich unendliche Traurigkeit und den Vorwurf der Schande. Schande, daß wir ihm so etwas antun können. Damals schwor ich mir, so viele Wale wie möglich in meinem Leben zu retten.«

Watsons Ritt auf dem Wal folgte ein Jahr später, die erste Aktion gegen die Robbenjagd, damals in Diensten von Greenpeace. Die Boote der Jäger wurden blockiert. Watson scheute kein Risiko. Und schon zu dieser Zeit war die Polizei auf Seiten der Jäger. Also wurde Watson verhaftet, und die Jagd ging weiter. Greenpeace filmte, wie die Robben abgeschlachtet wurden. Dokumente einer barbarischen Tradition. Robbenbabys, nur wenige Tage alt, wurden neben ihren Müttern erschlagen. Diese Aufnahmen führten zu weltweiten Protesten. Doch Kanada stellte sich stur. Watson machte weiter, solange die Jagd weiterging. 1977 kettete sich Watson an das Boot der Jäger. An Bord gezogen und zusammengeschlagen, kam er mit einem gebrochenen Arm und einer Unterkühlung ins Krankenhaus.

Zwei Jahre später waren Greenpeace und Watson wieder auf dem Eis – mit einer neuen Taktik und einer genialen Idee. Graffiti à la Greenpeace: Mit harmloser Farbe besprühten Watson und Co. Tausende junger Robben und machten so das begehrte Fell für die Jäger wertlos. Watson und seine Crew wurden verhaftet und wegen Behinderung der Jagd angeklagt. Es sollte noch acht Jahre dauern, bis Kanada die Robbenjagd 1987 endlich einstellte. Doch die Schonzeit ist vorbei. 1997 ging das Töten wieder los. Auch deshalb ist Watson wieder in die Arktis gefahren.

Die Robbenmütter kümmern sich äußerst liebevoll um die Babys, die etwa zwei Wochen gesäugt werden. Dabei nehmen die Kleinen um das Dreifache zu. Pro Tag ganze fünf Kilo. Für die Tiere sind Watson und die Crew der Sea Shepherd halb Hebamme, halb Schutzengel. Aber als Robbenfreund wird man offenbar zum Staatsfeind. Zumindest was die Überwachung angeht. Der Kurs wird

Das puschelige weiße Fell, für das man die Babys jagt, verlieren die Sattelrobben schon nach kurzer Zeit. Dann fallen ihnen die Haare aus, und sie erhalten die sattelartige Fellzeichnung, der sie ihren Namen verdanken.

trotzdem nicht geändert, denn Captain Watson hat auch dieses Mal eine besondere Idee ausgetüftelt. Um die Robben zu retten, will er sie bürsten. Robben bürsten! Das hört sich an wie ein schlechter Robbenjägerwitz. Aber Watson meint es ernst. Nur finden muß er sie noch. Doch jetzt macht ihm das bis zu einem halben Meter dicke Eis einen Strich durch die Rechnung. Volle Kraft zurück. Da sind schon mehrere Anläufe notwendig. Höchstbelastung für das alte ehemalige Forschungsschiff. Und auch Simon, der Chefingenieur, kommt unter Deck im Maschinenraum mächtig ins Schwitzen. Die zwei Dieselmotoren bringen zusammen 2400 PS – und jede einzelne Pferdestärke wird unter diesen extremen Wetterbedingungen dringend gebraucht.

Die Wasserkanone ist die einzige Bewaffnung der Sea Shepherd. Immer dann in Gebrauch, wenn aufgebrachte Robbenjäger das Boot entern wollen. Man kann ja nie wissen. Die Crew besteht aus lauter Freiwilligen. Die meisten verbringen so ihren Urlaub – ohne Sold und Heuer.

Während die Mannschaft arbeitet, nutzt Paul die Zeit für einen kleinen Ausflug. Dick eingepackt in einen knallroten Trockentauchanzug, geht er hinaus aufs Eis und läßt sich in ein Wasserloch plumpsen, in dem bereits einige Robben planschen. Er scheint schon eigenartige Gewohnheiten und Hobbys zu pflegen – »Der mit den Robben planscht«. Nur durch ein Seil gesichert, nennt er das »die Welt mit den Augen der Robben sehen«. Und die beobachten dieses komische rote Ding, das mit den Füßen strampelt, neugierig. Als Robbe unter Robben meint Paul, die Schreie der Babys viel lauter zu hören und besser unterschei-

den zu können als auf dem Eis. Statt mit den Robben zu baden, könnte Paul Watson auch die Bürste schwingen. Damit will er sich aber noch ein wenig Zeit lassen. Er ist wieder aus seinem eiskalten Wasserloch heraus und steht neben einem Robbenbaby: »Ich will ihn jetzt nicht erschrecken. Ich müßte mich einfach über ihn hocken, ihn mit meinem Gewicht festhalten und dann die Haare ausbürsten. Wir haben das schon öfter gemacht und haben da unsere Erfahrung. Sie sehen dich nicht, wenn du dich von hinten anschleichst. Und dann einfach niederdrücken. Dieser Kleine ist noch zu jung. Sein Fell wird er erst später verlieren.«

Paul Watson sieht sich die kleine Robbe eine Weile an und denkt nach: »Aber da ist noch eine interessante Geschichte. Als der Missionar Sir Wilfurd Granwell das erste Mal nach Labrador kam, wußte er nicht, wie er den Inuit, den Eskimos, den Begriff »Lamm Gottes« erklären sollte. Hier gab es keine Schafe. Aber kleine weiße Robben. Und Narcotic nennen die Inuit Robben noch heute, was soviel wie Lamm Gottes heißt.«

Dann läßt sich Paul doch noch zu einem Bürst-Versuch überreden. Ein Wettlauf mit der rasch sinkenden Sonne beginnt. Aber die einzige Robbe, die nicht schnell genug vom Eis kommt, scheint sich nicht zu freuen. Normalerweise genießen Robben das Bürsten wie eine Art Massage. Dieses Mal hat es nicht geklappt, weil das Tier offenbar zu jung war. Am nächsten Tag will Paul noch einmal sein Glück versuchen. Doch wieder macht das Wetter einen Strich durch die Rechnung. Ein heftiger Sturm fegt über das Eis. Jetzt scheinen selbst Sattelrobben zu frieren.

Sturmböen bis zu elf Windstärken zwingen die Mannschaft zum Warten. Wäre die Sea Shepherd nicht vom Eis eingeschlossen, wären jetzt wahrscheinlich alle seekrank. Bei solchem Wetter vom Packeis zerquetscht zu werden, ist auch für Robben die größte Gefahr. An Bord bleibt Zeit für Gespräche. Paul überlegt, ob er an seinem Buch weiterschreiben soll, aber er würde am liebsten raus aufs Eis. Doch laut Funk soll es heute so schlecht bleiben. Einen ganzen Tag in der Kajüte ist nichts für ihn. Chuck testet unterdessen draußen auf dem Eis die Lage. Würde er jetzt den Fuß auf die falsche Scholle setzen, wäre das der sichere Tod. Das Eis würde ihn begraben. Dann schlittert auch Paul los. Einen Tag ohne Nervenkitzel ist für ihn offenbar eine schreckliche Vorstellung. Erst gegen Abend klart es wieder auf. Zumindest für morgen soll es so bleiben. Doch wer weiß das schon. Hier kann sich das Wetter von Stunde zu Stunde ändern.

Am nächsten Morgen ist es tatsächlich wieder ruhig. Kein Sturm verhindert den Start des Hubschraubers, der ebenfalls zur festen Ausrüstung des Schiffes auf dieser Reise gehört. Das Ziel ist diesmal der ständige Begleiter der Sea Shepherd, der Eisbrecher George R. Pearkes von der kanadischen Küstenwache. Eigentlich soll er die Robbenjagd überwachen. Tatsächlich schützt er die Jäger vor unliebsamen Zeugen wie Paul Watson. Nur eine Woche später gelangen dem Internationalen Tierschutzfond, IFAW, grausame Aufnahmen. Aufgenommen aus dem Hubschrauber aus über zwei Meilen Entfernung mit einer Spezialkamera: Jäger laufen über das Eis. Sie schlagen mit Knüppeln wahllos auf die Robben ein. Blut tränkt eine Scholle nach der anderen. Das weiße Fell der Jungen verfärbt sich blutrot. Robbenmütter schreien nach ihren Babys. Bewegt sich ein Tier, schlagen die Jäger noch mal zu. Die Schlächter wähnen sich in Sicherheit, sie wissen nicht, daß sie gefilmt werden.

Etliche Verstöße gegen die angeblich strengen Jagdgesetze sind so dokumentiert. Gegen Paragraph 446 des Strafgesetzes: Verursachen unnötigen Leidens sowie Verstoß gegen das Robbenjagdgesetz Paragraph

»Der mit den Robben schwimmt«. Das schafft Captain Watson nur mit einem gut isolierten Trockentauchanzug. Die beiden Robben scheinen darüber nachzudenken, ob sie sich auch so ein knallrotes Fell anschaffen sollten.

1, Absatz 11: Mißbrauch ... die Robben werden zum Teil noch lebend ins Boot geworfen, nicht sofort und schnell getötet. Und alles unter den Augen der Küstenwache. Insgesamt weit über 140 Vergehen. Die Tiere werden zum Teil noch lebend aufgespießt und zum Boot gezogen, wo wahl- und ziellos auf sie eingeschlagen wird. Insgesamt fallen in diesen Wochen 285 000 Robbenbabys den Jägern zum Opfer. Und das ist nur die offizielle Statistik.

Als der Hubschrauber wieder an Bord der Sea Shepherd zurück ist, beginnt ein reger Funkverkehr zwischen Paul Watson und dem Captain des kanadischen Eisbrechers. Mit ausgesuchter Höflichkeit entwickelt sich ein fast absurdes Gespräch über Sinn und Unsinn.

Watson fragt: »Warum sind Sie hier?«

»Um die Jäger zu schützen ...«

»Aber wer schützt die Robben und Fische vor diesen Menschen? Over.«

»Ich bin kein Fischerboot, und ich jage keine Robben«, erwidert der Kapitän des Eisbrechers. »Wenn ich aus Versehen eine Robbe überfahre, tut mir das leid. Ich versuche aufzupassen. Aber wir sind hier, um die Robbenjäger vor Leuten wie Ihnen zu schützen, Sir.«

Watson wiederholt: »Wer schützt die Natur vor Ihnen und der Regierung?«

Es entsteht eine kurze Pause im Funkverkehr und dann antwortet der kanadische Kapitän: »Kurz gesagt: Ich denke, Sie versuchen das.«

Ein mehr oder weniger gewolltes Eingeständnis des fremden Kapitäns, wer in diesem Fall auf der richtigen Seite steht. Und wer die Robben zu schützen hat: Nicht die Küstenwache, sondern Watson.

Eigentlich ist dieses Gebiet Schutzzone, trotzdem entdeckt die Mannschaft eine Meile entfernt ein Boot der Robbenjäger. Vielleicht eine Falle. Eine Provokation, die

der Küstenwache Grund zum Eingreifen gäbe. Mit einer gehörigen Portion Wut im Bauch setzt die Crew der Sea Shepherd ihre Reise fort. Statt das Risiko einer Konfrontation einzugehen, entscheidet sich Watson für einen letzten Versuch, Robben zu bürsten.

»Wir versuchen den Leuten eine Alternative zu zeigen. Neue Jobs zu schaffen, indem man das Haar der Robben sammelt und für ein tierfreundliches Produkt verwendet. Aber die kanadische Regierung will davon nichts wissen. Sie wollen die Jagd wohl aus politischen Gründen.«

Für die Fischer sind die Robben der Feind schlechthin. Sie nennen sie auch die »Wölfe des Meeres«, weil sie glauben, daß sie den Kabeljau wegfressen und ihnen so die Jobs nehmen.

Mitten im Eis hat die Sea Shepherd eine gute Stelle zum Ankern gefunden. Und die Mannschaft macht sich auf zum Robbenbürsten. Lisa hat eine junge Robbe erwischt. Sie holt die Bürste heraus und beginnt vom

Auch auf Eis kann man ein Sonnenbad nehmen. Die Robbenjäger sehen bei solchen Bildern nur ihren Profit. Sie denken ans Töten. Aber vielleicht ist eines Tages das Bürsten der Robben eine profitable Alternative für die Jäger, und sie legen die Keulen weg.

Kopf aus ganz sanft über das Fell zu bürsten. Tatsächlich bleibt ein weißer Haarflaum in der Bürste zurück, den Lisa abnimmt und in einem Beutel sammelt: »Was ich ihm wegnehme, ist nichts, was er jetzt noch brauchen würde. Das Fell würde ihm sowieso bald ausfallen und löst sich ganz leicht. Die Büschel kann man dann gut als Dämm- und Isolierstoff nehmen. Wunderbar, ein Produkt ganz ohne Tierquälerei hergestellt. Jetzt fressen sie nicht mehr so viel. Sie verlieren nicht nur das Fell, sondern auch die darunterliegende dicke Fettschicht, um besser schwimmen zu können.«

Die Kleinen scheinen die Bürstenmassage zu genießen. Lisa geht weiter, zu einer etwas älteren Robbe. Da funktioniert es noch besser: »Ihm machen die vielen Menschen Angst. Wahrscheinlich ein Männchen. Sie scheinen immer etwas aggressiver als Weibchen zu sein, so ist es in der Natur nun mal. Jetzt kann man schon gut die Flecken seines nächsten Fells erkennen. Die Jäger denken, Robben sind nur zum Töten da. Mit diesem Vorurteil müssen wir umgehen. Alle reden immer davon, in einer modernen Welt zu leben und alles zu tun, sie noch besser zu machen. Aber was zählt ist nur Geld. Robbenhaar wird hoffentlich irgendwann eine Art Weißes Gold.«

So unerwartet zerrupft zu werden, daran müssen sich aber auch junge Sattelrobben noch gewöhnen. Hoffentlich legen auch die Jäger bald die Keulen weg, greifen statt dessen zu den Bürsten. Für die Robben stehen die Zeichen gar nicht so schlecht. Nach Ende der Dreharbeiten meldeten sich die ersten Jäger scheu zum Kämmen und Rupfen. Und zwei deutsche Firmen zeigen Interesse an Robbenhaaren, damit steht einem Jacken- und Deckentest eigentlich nichts mehr im Wege: Robbenhaar statt Gänsedaunen in Jacken und Bettdecken.

In Kanada kam es, nachdem Watson zurück war, zu großen Demonstrationen gegen die Robbenjagd. Vielleicht muß die Sea Shepherd nie mehr Kurs auf die kanadischen Sattelrobben nehmen. Das gelingt allerdings nur, wenn alle, die Jäger und die kanadische Regierung, ein Einsehen haben und Tiere nicht aus reiner Profitsucht töten. Ein erster Schritt wurde jetzt signalisiert. Die kanadische Regierung will das Bürsten der Robben der Jagd gleichsetzen. Das hört sich eigenartig an, aber bisher ist es verboten, die Robben zu bürsten – es ist aber erlaubt, die Tiere zu töten.

IM FRACK AM STRAND – AFRIKAS PINGUINE

Es war eine Sensation, als die »Männer und Frauen im Frack« den Badestrand eroberten, der bis dahin ein stilles Plätzchen für menschliche Liebespaare war.

An einem schönen Sommermorgen im Jahr 1985 watscheln zwei Pinguin-Paare an den Badestrand von Boulder's Beach am Festlandzipfel Südafrikas. Weitere 100 Paare folgen ihnen. Die Pinguine wollen an dem Strand genauso kuscheln wie die menschlichen Zweibeiner ohne Federn, die auch immer wieder gern an diesen Strand kommen. Am Badestrand von Boulder's Beach stehen große Felsgruppen im Sand, die den Liebespaaren – egal ob mit Schnabel oder ohne – Schatten spenden.

Was zunächst aussieht wie eine Touristenattraktion für einen Sommer, entwikkelt sich zur zweiten Kolonie afrikanischer Pinguine auf dem südafrikanischen Festland. Eine kleine Sensation, denn die meisten dieser etwa 70 Zentimeter großen »Männer und Frauen im Frack« leben eigentlich auf 18 Inseln rund um das Kap der Guten Hoffnung – in der Hoffnung, auf den Inseln möglichst ungestört zu sein. Das eher wuselige Festland haben die eleganten Herrschaften gemieden. Bis eben an diesem denkwürdigen Tag im Jahr 1985.

Zwölf Jahre später: Die Kolonie am Boulder's Beach zählt inzwischen rund 1300 afrikanische Pinguine, und sie wächst, als eine der ganz wenigen Pinguin-Kolonien Südafrikas, stetig weiter.

Daß die Pinguine, die vor einigen hundert Jahren die Küsten des südlichen Afrikas zu Hunderttausenden bevölkerten, es an anderen Orten schwer haben zu überleben, liegt vor allem am Menschen, der ihren Lebensraum immer mehr einengt.

Brillenpinguine heißen sie nicht etwa, weil sie schlecht sehen. Den Namen haben sie von dem kleinen weißen Federring um ihre Augen, der eben an eine Brille erinnert.

War es noch im 19. Jahrhundert die Jagd nach ihren Eiern zur Ernährung von Schiffsbesatzungen und der Abbau von Guano, dem Pinguinkot, als wertvollem Dünger, so sind es heute die Überfischung, die die Pinguinbestände bedrohen. Der Mensch futtert den Pinguinen regelrecht das Fischfutter weg. Dabei geht es den Menschen nicht um das Überleben ihrer Spezies, sondern um den Profit.

Ein weiteres Problem, mit dem die Pinguine zu kämpfen haben, ist die Ölverschmutzung des Meeres vor der afrikanischen Küste. Es werden immer wieder illegal riesige Öltanker gereinigt. Große Öllachen schwimmen auf der Meeresoberfläche. Wenn die Pinguine durch diese Lachen schwimmen, wird ihr Gefieder völlig verschmutzt und mit Öl verklebt. Das ist lebensgefährlich für die Tiere.

Daß eine Pinguinkolonie ausgerechnet an einem Strand der dicht besiedelten Kapregion so stark angewachsen ist, verdanken die possierlichen Vögel vor allem den Bemühungen von Hendrik van der Merwe. Er ist der Pinguin-Mann. Ihn kennt an diesem Strand jeder, mit seiner hellen Weste und dem Schlapphut. Am linken Arm trägt er zudem ein gesticktes Abzeichen mit einem Pinguin. So wandert er jeden Tag als etwas zu groß geratener Pinguin über den Strand.

»1989 lief ich den Strand entlang und sah eine große Menge Leute an einem Felsen stehen. Da lag ein Pinguin, der sich ein Bein gebrochen hatte. Das Bein war total kaputt, aber niemand kümmerte sich um das Tier.

Da habe ich den Pinguin in mein Hemd gewickelt und mit dem Wagen zum Tierarzt gefahren. Der sagte: Der Vogel muß ins Krankenhaus von SANCCOB. Seit diesem Tag kümmere ich mich um die Pinguine, und seit meiner Pensionierung im Jahre 1990 mache ich eigentlich fast nichts anderes mehr.«

SANCCOB – das steht für South African National Foundation for the Conservation of Coastal Birds, eine aus Spenden finanzierte Organisation, die sich ganz dem Schutz der Seevögel verschrieben hat. Wann immer Hendrik an seinem Strand ein verletztes oder ölverschmiertes Tier findet, landet es bei den freiwilligen Helfern und Tierärzten im Vogelkrankenhaus. Hier sind einige sauber gekachelte Planschbecken für Pinguine, mit kristallklarem Wasser. Es sind die ›Krankenzimmer‹.

Allerdings hocken einige Pinguine auch in Plastikeimern, die mit Frotteehandtüchern ausgepolstert sind. Denn heute ist Badetag. Zwei Pinguine mit lebensbedrohenden Ölflecken hat Hendrik vor einigen Tagen eingeliefert. Das Öl soll entfernt werden – eine ziemlich aufwendige Prozedur.

Mit einer Zahnbürste und einer speziellen Seifenlauge wird das Öl sorgfältig aus dem Gefieder geschrubbt, denn ein ölverschmierter Pinguin kann nicht mehr schwimmen. Die Chemikalien machen das Gefieder wasserdurchlässig. Entscheidend ist, daß auch der letzte Rest Öl aus dem Gefieder entfernt wird. Die Pinguine sitzen nun in Plastikeimern und sind vor lauter Schaum kaum noch zu erkennen. Die Helfer halten den Schnabel fest und schrubben sie ordentlich mit den Zahnbürsten. Das scheint aber nicht unangenehm zu sein, denn die Pinguine zeigen sich dabei sehr geduldig und zappeln nicht herum.

Im Anschluß an das Schaumbad geht es unter die warme Dusche, wo die letzten Reste an Seife und Öl ausgewaschen werden

oben: »Wir wollen auch an den Strand.« Scheinbar ist das Pinguinpärchen etwas spät dran am Boulder's Beach. Die besten Plätze sind schon besetzt.

unten: An Land wird gewatschelt. Unter Wasser sind sie eher elegante Herrschaften.

– eine Prozedur, die die Tiere heldenmütig über sich ergehen lassen. Ganz zum Schluß noch zum Trocknen unter das Rotlicht. Ein bißchen ist es wie beim Friseur.

Ist die gesamte Badeprozedur überstanden, gibt es ein spätes Frühstück, ein fischiges selbstverständlich. Wie für den Menschen gilt auch für Pinguine: Keine schweren Speisen, bevor es in die Badewanne geht. Etwas Augensalbe gegen eine leichte Entzündung und anschließend erstmal ausruhen. Hendrik sieht sich die Rotlicht-Abteilung an und ist zufrieden. Als er allerdings den Finger zu nahe an den Pinguin hält, pickt der fest zu. Wer läßt sich schon gerne im »Trockner« stören? Dabei wollte Hendrik nur nachfühlen, ob das Gefieder trocken ist.

Vor der Pinguin-Waschküche laufen einige der Vögel dicht gedrängt auf und ab. Es ist die Rekonvaleszenten-Abteilung. Diese Pinguine warten auf ihre Freilassung auf Robben Island, doch die Mitarbeiter von SANCCOB setzen sie erst aus, wenn sie wirklich fit genug sind. Notwendige Medikamente werden ihnen in einer »Fischverpackung« verabreicht. Pinguine in Freiheit würden übrigens keinen toten Fisch fressen, deshalb muß beim Füttern ein wenig nachgeholfen werden. Der Schnabel wird von Hand geöffnet und der Fisch mit dem Kopf voran in den Schnabel geschoben. Der Schluckreflex der Vögel besorgt den Rest. Gut im Fisch versteckt, nehmen die Pinguine brav ihre Medizin. Noch ein paar Tage im Pool, dann heißt es für zehn der SANCCOB-Patienten: zurück in die Freiheit!

Inzwischen ist es Mittag am Boulder's Beach – Zeit für ein erfrischendes Bad. Die flugunfähigen Vögel sind phantastische Schwimmer und Taucher. So unbeholfen sie an Land wirken, so elegant schießen sie mit bis zu 15 Stundenkilometer durch das flache Wasser.

Doch Mittagszeit bedeutet an so einem schönen Sommer-Sonntag auch Streß für die »kleinen Männer im Frack«. Besucher mit einer ganz anderen Kleiderordnung haben sich am Strand eingefunden. Es sieht schon merkwürdig aus, wenn die Pinguine paarweise an den Strand watscheln und versuchen, zwischen den Menschen auf den Handtüchern einen Weg zu einem schattigen Plätzchen zu finden. Man begegnet einander mit Respekt, in der Regel jedenfalls.

Das war nicht immer so. Die afrikanischen Pinguine können vor allem abends sehr laut sein, und je nach Windrichtung stellt die Kolonie für die Strandanwohner eine Geruchsbelästigung dar. Pinguine mögen eben »Fischdeo«. Vandalismus und Aggressionen gegen die Tiere waren in der Vergangenheit die Folge. Doch am Ende haben sich die Pinguine durchgesetzt. Längst glaubt niemand mehr ernsthaft, sie vom Strand noch einmal vertreiben oder sie umsiedeln zu können. Also heißt die Devise: Friedliche Koexistenz von Tier und Mensch! Die Pinguine hocken in der ersten Reihe am Wasser, die Menschen dahinter.

Belästigt doch einmal jemand die Vögel, bekommt er es mit Hendrik zu tun. Spätestens mittags findet sich der Pinguin-Mann am Strand ein. Mit seinem Geländewagen fährt er dicht an den Strand und stellt einen kleinen Tisch auf. Der wird überladen mit Informationsbroschüren, die sich jeder interessierte Strandbesucher kostenlos nehmen kann. Auf dem Tisch steht nur noch zusätzlich eine kleine Spendenbüchse. Wer will, der kann Hendrik auf diese Weise unterstützen. Bis abends hält er sich bei den Pinguinen auf, spricht mit den Touristen und achtet darauf, daß niemand die Idylle stört, an Tagen wie heute nicht immer eine leichte Aufgabe. Der bescheidene Inhalt der Spendenbüchse ist die einzige Einnahmequelle des Pinguin-Mannes für die Arbeit mit den Vögeln. Sein Job ist ein Zuschußbetrieb, ohne Bezahlung und dafür mit reichlich Überstunden.

Am Strand angekommen, gilt es zunächst einmal, diejenigen Schwimmer zu vertreiben, die der Hauptkolonie von der Meerseite her zu nahe rücken. Das passiert immer wieder. Nachdem die Schwimmer vertrieben sind, legt Hendrik ein dickes Schiffstau an den Strand. Besser gesagt um

Ein Bund fürs Leben ist unter Pinguinen Ehrensache. Haben sie sich einmal entschieden, bleiben sie bei ihrem Partner.

die kleine Kolonie, die sich gerade auf dem Sand sonnt. Das Tau dient als Trennungslinie, die den Vögeln den erforderlichen Freiraum garantiert. Am Boulder's Beach werden die Menschen in ihre Grenzen verwiesen. Hendrik läuft am Strand entlang, auf der neuen Grenzlinie zwischen Menschen und Pinguinen. Er erzählt jedem, der es hören will, etwas über »seine« Pinguine:

»In dieser Kolonie werden die Pinguine zwischen den Menschen geboren. Sobald sie ausgeschlüpft und ihre Augen offen sind, sehen sie ihre ersten Menschen. In anderen Kolonien laufen die Pinguine vor den Menschen davon – hier sind sie an die Menschen gewöhnt. Wenn sie brüten, laufen sie sogar zwischen den Menschen umher, sie haben keine Angst vor ihnen. Trotzdem können sie ganz schön beißen, wenn man sie belästigt.« Also in jeder Hinsicht: Finger weg von diesen Pinguinen!

Im Dezember sind die Pinguine in der Mauser, deshalb sehen viele von ihnen ziemlich zerrupft aus. Während der Mauser können die Pinguine nicht zum Fischen ins Wasser – sie leben in dieser Zeit nur von ihrem Körperfett. Deshalb bewegen sie sich möglichst wenig, um Energie zu sparen. Täglich inspiziert Hendrik die entlegenen Abschnitte des Strandes, sucht nach verletzten oder unterernährten Tieren.

Im Pinguinkrankenhaus von SANCCOB ist ab und zu ein ganz besonderer Tag. Zehn Patienten, darunter auch die beiden vom Boulder's Beach, sollen in die Freiheit zurückkehren. Sie kommen paarweise in Pappkartons, die etwa die Größe unserer Umzugskartons haben. Die Pinguin-Ehepaare bleiben so zusammen, denn die Tiere leben monogam.

Um später nachvollziehen zu können, wie sie sich entwickelt haben, werden sie erst noch mit ungefährlicher Farbe besprüht. Die Helfer halten eine Pappe mit einem Loch an die Pinguine. Durch das Loch wird ein kleiner roter Farbpunkt gesprüht. Anschließend geht es in die Umzugskartons auf die Reise nach Robben Island.

Die ehemalige Gefängnisinsel beherbergt eine große Pinguin-Kolonie und ist – nur wenige Seemeilen vor Kapstadt gelegen – für SANCCOB der ideale Ort, die Tiere auszusetzen.

Nach der beschwerlichen Reise im Pappkarton sind die Pinguine froh, endlich wieder ins Wasser zu kommen. So bequem ein Aufenthalt im Krankenhaus sein mag – es geht doch nichts über die Freiheit.

In wenigen Tagen, so schätzt Hendrik, werden seine Pinguine wieder in ihrer Heimat an Land gehen. Auch nach ausgedehnten Fischzügen kehren Pinguine immer wieder an ihren Geburtsort zurück.

Es wird Nacht am Boulder's Beach, längst haben sich die letzten Badegäste verabschiedet, längst gehört der Strand wieder ganz allein den Pinguinen. Bevor sie kamen, war der Strand ein beliebter Treffpunkt für die Liebespaare der Umgebung – diese vermeintlich menschliche Tradition haben die Pinguinpaare wieder aufleben lassen. Ein friedliches Nebeneinander, das funktioniert. Natürlich nicht ohne die eine oder andere Strandregel.

Die Menschen am Boulder's Beach haben sich an die Pinguine gewöhnt. Sie liegen friedlich nebeneinander. Das einzige, was vielleicht noch stört, ist das »Fischparfüm«, das die Herrschaften aufgetragen haben.

Dank

»Mensch, das ist doch eigentlich nur eine positive Vergeltung«, sagte ein Wissenschaftler zu mir, als ich ihn fragte, ob irgend jemand sich einmal für seine Arbeit bedankt habe. Dankbarkeit, wie ich sie verstehe, hat etwas mit dem Verhältnis zu tun, das wir zum Leben haben. Es ist, die Dinge wie sie sind nicht als selbstverständlich anzusehen.
So ist es nicht selbstverständlich, daß viele Menschen für die Sendung »Tierzeit«, Sumpflandschaften mit Moskitos nicht scheuten; Wilderern gegenübertraten, die nicht gerne in einer »Tierzeit«-Sendung auftauchen wollten; große Schwarz- und Eisbären mutig und aus nächster Nähe beobachteten oder in die dunklen Tiefen des Abyss hinabtauchten, nur um für uns eine zauberhafte Welt ins Licht und damit in unser Bewußtsein zu rücken.
So möchte ich Jan Arnold, Jan Biekehör, Maren Braun, Delphine Bremond, Rolf Brüning, Marlyse de la Grange, Dr. Fritz Jantschke, Gisela Kaufmann, Dr. Gerald Krakauer, Detlef Moritz-Abebe, Stefan Nowak, Jean-Claude Ramige, Oliver Roetz, Claus Schenk, Sigurd Tesche, Renate und Gerd Wustig und Pit Zuckowski ganz besonders danken.
Ohne sie wäre dieses Buch nicht möglich gewesen.

Fotonachweis

Ibis: S. 8/9, 11, 13, 14, 15, 18/19, 20, 21, 22/23, 25, 30, 44/45, 46, 48, 51, 56, 57, 58/59, 62/63, 67, 69, 70/71, 82/83, 86, 88/89, 91, 92/93, 94/95, 100, 110/111, 114, 116, 118/119, 120, 122/123, 125, 126, 128/129, 131, 132, 134, 135, 137, 138/139, 143, 144/145, 148/149, 150/151, 152, 153, 154/155, 157, 158, 159
Premium/Minden Pictures, Frans Lanting: Umschlagabbildung
Save-Bild: S. 34/35, 37, 38, 41, 42, 43, 72/73, 75, 76, 78, 79, 80/81
Sipa: S. 17
Vox: S. 6, 7, 10, 16, 24, 26/27, 29, 31, 32, 36, 47, 50, 64, 74, 84, 85, 97, 108/109, 112, 124, 130, 136, 147, 156
Vox/Jens Paschke: S. 140, 141
Vox/Claus Schenk: S. 96, 99
Vox/Sigurd Tesche: S. 52/53, 54, 56, 61, 102/103, 104, 105, 106, 107